サルはなぜ山を下りる？

野生動物との共生

室山泰之

京都大学学術出版会

KYOTO UNIVERSITY PRESS

まえがき

都会に住んでいる限り、ニホンジカ（以下、シカ）やニホンイノシシ（以下、イノシシ）などの野生動物に出会う機会はほとんどないだろう。だが、少し街中を離れて郊外にゆけば出会えるかもしれない。とくに、中山間地域とよばれている、都道府県の中心部から少し離れた場所にゆけば、姿は見られなくても、その痕跡はあちこちに残っている。

三〇年ほど前には、日本に生息している中大型哺乳類の姿を見ることはとても困難だった。本州や四国、九州の野山を歩いていても、シカやイノシシ、ツキノワグマ（以下、クマ）はもちろんのこと、ニホンザル（以下、サル）を見ることさえほとんどなかった。それが今ではさほど苦労することなく、これらの野生動物を見ることができるようになった。いまほど人と野生動物との距離が近くなった時代は、第二次大戦後以降なかったといっても過言ではない。

一九八〇年代後半から全国各地で野生動物による農作物被害（獣害）が発生するようになった。その後、さまざまな対策が農家自身や行政によって行なわれてきたが、農作物被害の発生金額はほぼ横ばいか、種によっては右肩上がりが続いている（5頁の図1）。

このような状況のなか、増加し続けるシカを減らすことをおもな目的として、二〇一四年に「鳥獣の保護及び狩猟の適正化に関する法律」（通称、鳥獣保護法）の改正がおこなわれ、名称も「鳥獣の保護及び管理並びに狩猟の適正化に関する法律」に変更された。その結果、「個体数の維持・回復」を目的とする「保護」と「個体数の減少」を目的とする「管理」を分けて考え、対象となる種の現状に合わせて保護計画もしくは管理計画を立てるという、大きな方針転換が行なわれた。

この計画制度の改正は、増え続けるシカやイノシシの被害に対応して「捕獲」を重視するという目的で行なわれたものである。だが、野生動物の個体数は時とともに変動するものであり、それを包括的に扱うのが管理計画である以上、「個体数の維持・回復」と「個体数の減少」という異なる目的を持つ二種類の管理計画が種ごとに存在するということに対しては違和感を禁じえない。

野生動物による被害発生の本質的な原因は、すでに二〇〇三年の前著『里のサルとつきあうには（京都大学学術出版会）』でも指摘したとおり、個体数増加だけではない。野生動物管理（とくに被害管理）を適切に行えていない結果であり、人と野生動物との関係が変化してきたことに、行政や集落住民が適切に対応してこれなかった結果なのである。個体数管理のみを重視するいまの施策は、「個体数管理（population management）」「生息地管理（habitat management）」「被害管理（damage management）」という三つの柱をバランスよく推進するという野生動物の保全と管理の本質から逸脱するものであり、被害発生の抑制という観点からも疑問を感じる。

この本のメインテーマは、「**農家が適切な被害対策を実施し、行政が農家を経済的・労力的に支援するという体制を作れれば、人と野生動物との軋轢はもっと減らせる**」ということである。このテーマは、一九九六年以来、研究者として、被害現場に足を運びながら、その一方で行政的な立場から被害問題に携わってきた経験を経て得た結論である。

野生動物をどう管理するかという問題は、国や都道府県などの行政が主体となって考えてゆくものだが、被害現場である農地をどう管理してゆくかという問題は、農家が主体となって決めてゆくべきもののはずである。それが、現状では、行政も農家も、人と野生動物との関係の変化にうまく適応できずに、被害拡大を止められない結果となっている。その一方で、現時点では野生動物の問題にほぼ無縁の存在である都市住民も、この問題にかかわらざるを得ない状況が起こりはじめている。

この本では、第一章でサルをはじめとする野生動物が集落周辺に現れるようになった歴史的経緯を、第二章で加害動物の象徴的存在であるサルの生態と行動について簡単に紹介する。第三章では、なぜ被害が発生するのか、その原因と対策について、第四章では、被害対策の主体はだれなのかという問題を検討する。第五章では、日本における野生動物管理の現状と課題を、第六章では、被害管理における行政内部の課題をそれぞれ検討する。第七章では、現在、被害対策の主な手法となっている捕獲についてその有効性を検討し、第八章では、行政と農家が、具体的にどのように被害対策を進めてゆくべきかを述べる。第九章では、被害問題における研究者の役割を、第十章では農家と都市住民との新たな関係の構築の必要性について説明する。最終章では、「人と野生動物との軋轢」が都市住民にも広がりはじめ、さらに大きな社会問題になる可能性が確実になってきている現状を踏まえて、都市住民を含む国民全体が、今後どのように野生動物と新たな関係を構築してゆくのか、その方策を探りたい。

いまより少しでも被害を軽減したいと考えている農家と、それを支援したいという国や都道府県・市町村などの地方自治体の職員、研究者などの関係者、そしてサルをはじめとする野生動物の保全と管理に興味のあるすべての人たちにぜひ読んでもらいたい。

サルはなぜ山を下りる?◉目　次

第4章……被害対策はだれがするのか 79
——農家主体の被害対策

第5章……行政による野生動物管理　97
——現状と課題

第6章……行政による被害管理　109
——行政内部の課題

第7章……捕獲で被害を減らせるか？ 121

第8章……農家と行政 131
——被害対策をどのように進めてゆくか

第11章……野生動物との新たな関係の構築をめざして　165

サルはなぜ山を下りる？

第1章　なぜいま集落周辺に野生動物がいるのか？
――これまでの経緯と現状

都会の中心にクマやサルが現れて大きなニュースになることが、ここ十数年ほどの間に目立つようになってきた。動物の専門家がコメントを求められたりして、一時的には世間を賑わすことが多いが、いつの間にか忘れ去られてしまうことがほとんどである。しかしながら、このような事件が起こる背景には、人と野生動物との関係をめぐる問題が少しずつ拡大しているという事実がある。この章では、日本におけるこの問題の歴史的な経緯を簡単に紹介する。

1　中山間地域における人と野生動物との軋轢

野生動物による農作物被害が急増しはじめたのは、一九八〇年代ころからである（図1）。それと並行するように、中山間地域や農村部では、野生動物と列車との衝突事故（図2、図3）が増加してきた。NEXCO西日本（西日本高速道路株式会社）管内の高速道路でも、年によって異なるが、近年になって、シカやイノシシのロードキル（野生動物と車との接触事故による野生動物の死亡件数）が数百件程度発生している（NEXCO西日本、私信）。データはないのだが、一般道では、おそらく桁違いの数の接触事故が発生しているだろう。

このような人と野生動物との軋轢があまり大きな社会問題にならないのは、野生動物による農作物被害や野生動物との交通事故を、自分たちにかかわる問題として考える人たちや、社会問題として伝える人たちが都市部には少なく、テレビや新聞で重大な問題としてニュースになることがほとんどないからである。

日常生活ではあまり意識されていないこのような問題が、社会全体としては大きな問題になっている現象は、「地球温暖化」や「生物多様性の喪失」の問題と少し似ている。自分たちの身の回りを小さなスケールで見ているだけはわからないことだが、大きな視点で世界を捉えると、一気に現実感を

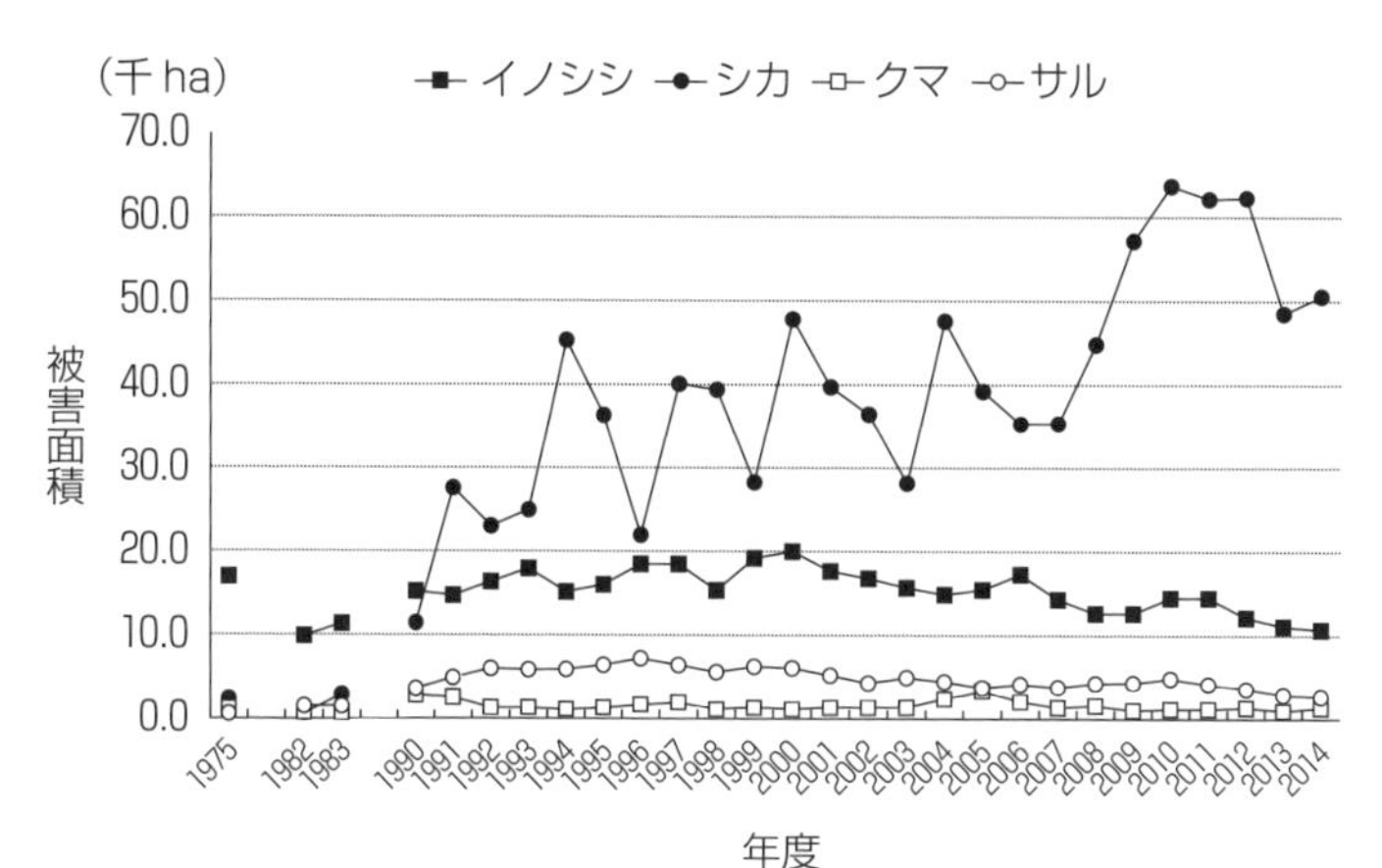

図1●野生動物4種（シカ、イノシシ、サル、クマ）の被害面積の推移
（農林水産省資料）

帯びてくる問題である。

たとえば、地球温暖化は、かなり以前から科学者たちが警鐘を鳴らし続けてきた問題だったが、いまは、人類の未来を左右する大きな社会問題として、ようやく認知されるようになった。地球温暖化に伴う異常気象や、極地の異変もたびたびニュースになるようになり、世界各地でさまざまな対策が急ピッチで行われはじめている。身近な例で言えば、最近全国各地でゲリラ的な豪雨が頻繁に発生するようになっているが、これも地球温暖化の影響ではないかという指摘がある。

地球温暖化については、実際のところ少しでも被害を減らすために、やれることはすべてやるべき段階にきており、地球温暖化を議論する国連気候変動枠組条約締結国会議でも、二〇一四年におこなわれた第二〇回会議では、温暖化の事実を伝えるだけでなく、これからどうすべきかという実践的な方策へと議論の焦点

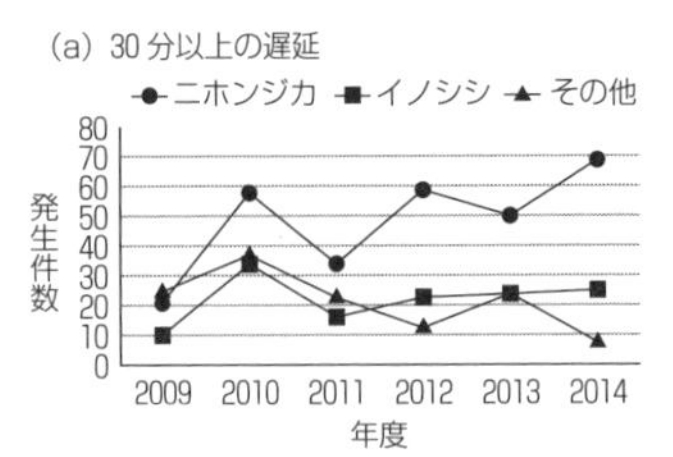

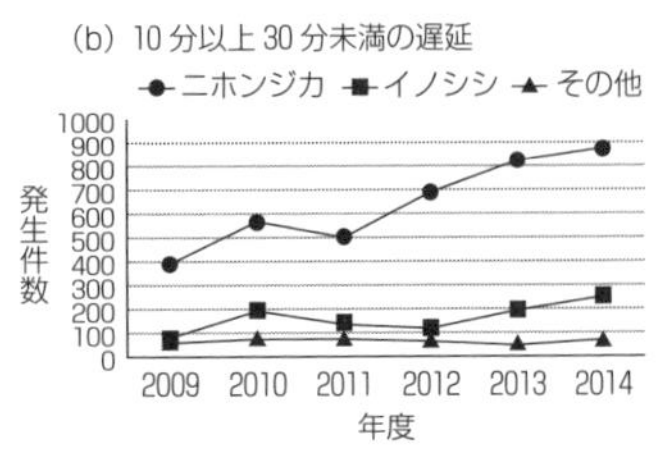

図2●獣種別列車事故件数（JR西日本管内）
(a) 30分以上の遅延、(b) 10分以上30分未満の遅延。

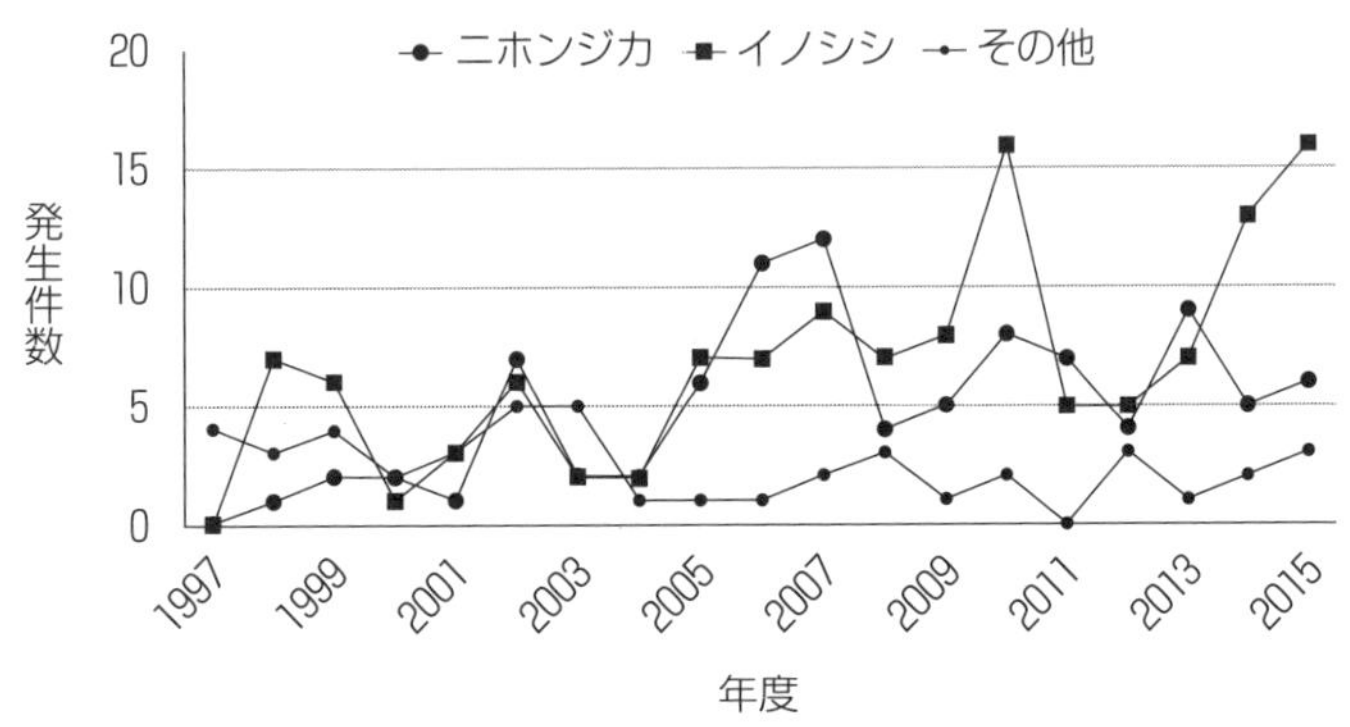

図3●獣種別列車事故件数（JR四国管内）

が移り、各国の政府はさまざまな取り組みを実施することを強く求められている。だからこそ、国や地方自治体（都道府県・市町村）はもちろんのこと、産業界や民間レベルまで、幅広い分野で取り組みがどんどん進められているのだ。

　では、もう一つの地球規模の問題である「生物多様性の喪失」のほうはどうだろうか。こちらも、研究者の目から見れば地球温暖化に匹敵するほど重要な問題なのだが、残念ながら、まだまだ市民権を得ているとは言えないだろう。生物多様性の減少を食い止めるために策定された生物多様性条約は、日本では、一九九三年五月二八日に締結され、一二月二九日に発効した。その条約に基づいて、一九九五年に日本で最初の生物多様性国家戦略が策定され、これまでに四回見直されている。

実は、生物多様性の喪失は、地球温暖化と密接に関係している。というのは、気温が上昇するに伴って、さまざまな動植物が生息できる場所が移動することが予測されるのだが、その移動速度は動植物の種によって異なる。その結果、何が起こるかといえば、たとえば、花粉を運んでくれる昆虫がいなくなると、それまで毎年実っていた果実が突然実らなくなり、その結果、その植物がある地域から絶滅するということが起こるようになる。逆に、特定の植物が絶滅すると、その植物に寄生する生物や採食対象にしている動物が絶滅したりすることが想定される。

一見小さなことのようだが、このように、一つのできごとが引き金となって、さまざまな生物間の結びつきに次々と影響が広がる現象が起こることがある。このような現象は、カスケード効果と呼ばれており、限られた範囲ではすでに観察されていることだが、生態系全体でこういった現象があちこちで起きたときに、結果的に何が起こるかは、現段階ではほとんど予測することができない。いま存在している生物間の多様な結びつきが変化したり消滅したりすると、生態系がわたしたちに提供してくれている四つの「生態系サービス」(図4)に大きな異変が起こる可能性があることは間違いないのだが、残念ながら、この問題についても一般の人々の理解はあまり進んでいない。

では、この本のテーマである、人と野生動物との軋轢の問題はどうだろうか。ほとんどの人にとっ

図 4●生態系サービス
生態系サービスとは、食料や淡水、木材や繊維、燃料といった資源を供給するサービス、気候を調節したり洪水を制御したり、水質を浄化するといった調整サービス、精神や教育、美しさやリクリエーションといったものを提供する文化サービス、そしてこれらの三つのサービスを支えている栄養塩循環や土壌形成、一次生産といったものを含む基盤サービスの四つのサービスから構成されていて、それらが、安全や生活物資、健康や良い社会的関係といったものを、わたしたちに与えてくれていると考えられている。

ては意外かもしれないが、「人と野生動物との軋轢」も、世界各地で起こっている大きな問題の一つなのである。ゾウや霊長類と地域住民との農作物をめぐる軋轢からはじまって、市街地に出没する大型草食獣や霊長類と地域住民との軋轢、肉食獣と牧畜民との家畜の襲撃をめぐる軋轢、肉食性魚類や海獣類、鯨類との漁業資源や混獲を巡る軋轢、人為的に持ち込まれた外来生物による既存の生態系の破壊など、枚挙に暇がないほど世界中、軋轢だらけなのである。

日本でも、人と野生動物との軋轢の歴史は長く、農業をはじめたころにすでに軋轢ははじまったと考えられている。近年になっても軋轢の解消は思うように進まず、国や地方自治体は、問題の解消に向かって努力を重ねている段階である。ただ、いま軋轢が起こっている地域に生活している人たち以外の国民の多くは、どこで何が起こっていて、それに対して行政は何をしているか、ほとんど知らないだろう。

野生動物による農作物被害や生活環境被害は、農村部や中山間地域では一九八〇年代以降、大きな社会問題になっている。少し都会を離れれば、住民の多くは、口を開けば、シカやサル、クマ、イノシシによる農作物被害や交通事故の話をしている。そのような地域では、過疎化や高齢化による集落人口の減少と、それに伴う集落機能の崩壊が大きな社会問題となっていることが多いのだが、野生動物との軋轢は、集落人口の減少の大きな原因の一つに挙げられている。

もし、このままの状態が続けば、やがて「地球温暖化」や「生物多様性の喪失」と同様、都市住民にも影響が出るほど、人と野生動物との軋轢は大きな問題になるだろう。とくにシカの個体数の急増に歯止めがかからないと、シカの食害によって次世代の若木が育たないという森林の更新阻害の問題、下層植生の消失に伴う土壌流亡の発生などの防災上の問題、昆虫の食草等の消失と昆虫相の劣化に伴なう動植物種の生物多様性の低下などの生態系サービスにかかわる問題など、多様な問題を引き起こすことが予測される。また、市街地へのシカやサル、クマ、イノシシなどの野生動物の生息地の拡大は、人身事故や交通事故の発生の増加など、わたしたちの生活そのものに直接大きな影響を与える可能性さえある。

2 野生動物の生息状況——戦前から戦後にかけて

日本の野生動物のほとんどは、三〇～四〇万年前に、日本列島にヒトが渡ってくる前から棲んでいた。ヒトが狩猟採集の生活をやめて、定着して農業を営むまで、野生動物は平野部から山間部まで満ちあふれていた。農業が広がるにつれて、耕地に適した平野部はどんどん開墾されるようになり、野生動物たちは次第に山間部に追いやられるようになった。それでも、山間部は基本的に野生動物の住処（すみか）であり、平野部は人間の住むところという、おおまかな住み分けは永く続き、野生動物が絶滅に追いやられることはなかった。

まだ石油もガスも電気もない時代には、里に近い山々（里山）は、食料をはじめとして、燃料・肥料（緑肥）・薬用品・建築材・日用品など、生活に必要なすべてのものを与えてくれる大切な場所だった（図5）。いいかえれば、里山は、人が住んでいる場所（集落）と同様、人の生活範囲だった。江戸時代の古い絵図などをみると、里の周辺には木々がまばらに生えているだけで、ほとんど禿山になっているところが多く、その当時の里山が森林の更新が追いつかないほど過剰に利用されていたこと

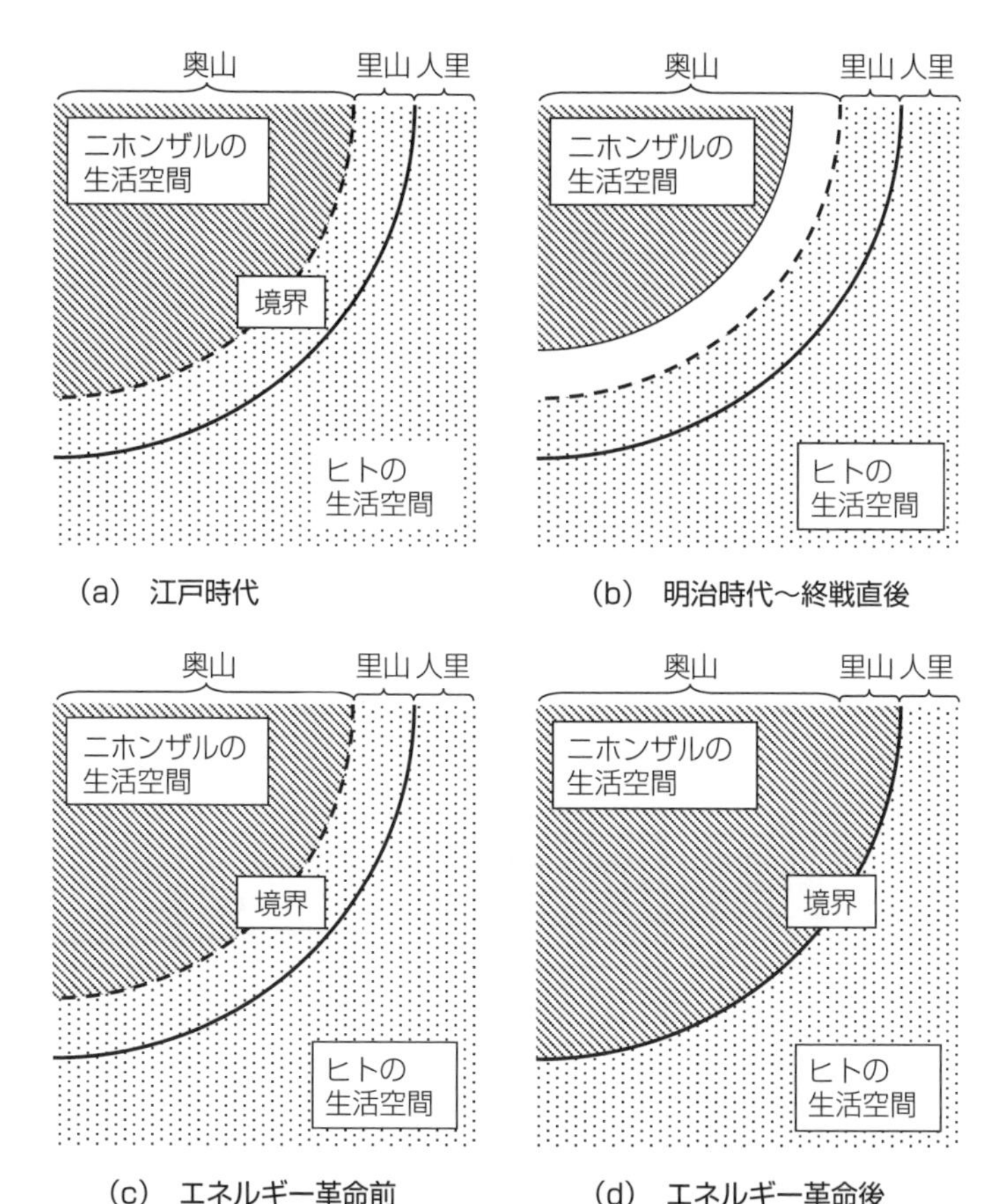

図5●野生動物と人との境界の変遷（室山 2008 より）
野生動物と人との境界は、時代とともに変化してきた。(a) 江戸時代には、人は里山と人里をおもな生活空間として利用し、さまざまな資源を里山から得ていた。(b) それが明治時代になり、高性能の銃器が利用されるようになり、人は奥山まで入り野生動物の狩猟をしたと考えられている。その結果、野生動物の生活空間はより小さくなった。(c) 終戦後、狩猟人口の減少とともに野生動物の個体数は少しずつ回復したが、エネルギー革命以前は、依然として人の生活空間は里山まで広がっていた。(d) それがエネルギー革命後人が里山を資源として利用することが激減し、野生動物の生活空間が人里付近まで拡大したと推測される。

が推測されている。

野生動物たちは奥山だけでなく里山にも棲んでいたので、彼らの生活範囲の一部と人の生活範囲は重なっていた。ただ、野生動物そのものが、人間にとっては大切な食料であり、衣類や道具の材料を提供してくれる存在だったため、野生動物は人を恐れ、里はおろか山の中でも、人前に姿を現すことはほとんどなかっただろう。ただ、江戸時代には、野生動物による被害に苦しめられたという記録も残っている。それによると、集落から少し離れた山中の田畑で野生動物による被害が発生したり、山の実りが悪くて野生動物が集落に進出したりすることがあったと記されている。西日本の山際に多く残るシシ垣（石を積み上げた垣）が、当時の状況の深刻さを表している。

そのような関係が崩れたのが、明治時代以降、狩猟が自由化され、村田銃という高性能の猟銃が使われはじめたころである。それまでは、里山だけを利用していた人が、奥山に分け入って野生動物を狩りはじめた。とくに海から離れた地域では、山の動物たちは貴重なタンパク源であり、薬用品や日用品だった。その後、戦争がはじまると、奥山の木々まで燃料や建築材としてどんどん伐採されていった。その結果、野生動物の生息できる場所はどんどん小さくなり、第二次世界大戦の終わるころには、もっとも小さくなったと推測されている（図5）。

戦後、野生動物の急減を受けて、野生動物の狩猟の規制が行われた。代表的なものは、サルとシカ（メスだけ）の禁猟である。また、野生動物に対する狩猟圧も減って、野生動物の個体数も徐々に回復していったと考えられている。

3 エネルギー革命と農村部の経済構造の激変

一九五〇年代になると、人にとっても動物にとっても大きな変化が二つ起こりはじめた。

一つめの変化は、里山の利用が劇的に減少するきっかけになった、エネルギー革命である。それまで人々は、食料をはじめとしたさまざまな資源を、里山に頼って生活してきた。ところが、六〇年代ごろから石炭や石油が生活を支える資源となり、農村の生活が激変した。燃料はもちろんだが、化学肥料や日用品、食料や薬品まで、石油を原料とした製品が次々と供給されるようになり、里山に分け入って薪や柴、落ち葉、木の実などを集めて、苦労して家まで持って帰ってくる必要がなくなってしまったのである。その結果、里山は人々の生活範囲ではなくなっていった。

ちなみに、最近全国各地で竹林が急増しているのも、人が竹を利用しなくなった結果である。竹は、筍として食べるだけでなく、建築材（壁の芯や竹垣）や、日用品（包み紙や籠など）など、生活に不可欠なものとして使われていた。わたしが子どものころには、まだ肉やお菓子の包み紙としてよく利用されていた。竹は枯れるまで、毎年大量の資材を提供してくれるので、貴重なものとしてさまざまな場面で活用されていたのである。

里山の利用が減るのと並行して、農業では機械化や大規模化が進むようになった。それまでは、大勢の人の手作業や牛馬で行われていた農作業が、石油を燃料とする機械にとって代わられた。その結果、農村では、大量の労働力が余るようになり、それらの労働力が都会に大量に移動してゆき、過疎化や高齢化が徐々に進みはじめた。それとともに、耕作放棄地が全国各地で増加しはじめた（図6）。

もう一つの変化は、里山と奥山で行われた、拡大造林政策である（図7）。これは、国有林、民有林を問わず、建築材として不向きな広葉樹を広範囲に伐採して、スギやヒノキといった建築材に適した針葉樹種を植林して、需要の急増に対応しようとした国の政策である。

良質な木材を生産するのには、植林後の手入れが不可欠である。ところが、これらの幼樹が建築材に使えるまで大きくなるには、成長の早いスギでも、少なくとも四〇年から五〇年かかる。そのため、需要に対して日本産木材の供給が不足し、結果として安価で購入できる建築材が、海外から大量に輸入されはじめ、スギやヒノキなどの日本産木材の価格が暴落した。このため、すでに述べた農村部の人口流出による人手不足と重なって、人手が足りないために手入れがされない植林地が急増し、現在に至っている。

このような針葉樹植林地は、一時的には草原化することによって、野生動物（とくにシカ）の食料を提供する場になったという意見もあるが、樹木が育って林冠が閉じ、林床が暗くなると、多くの野

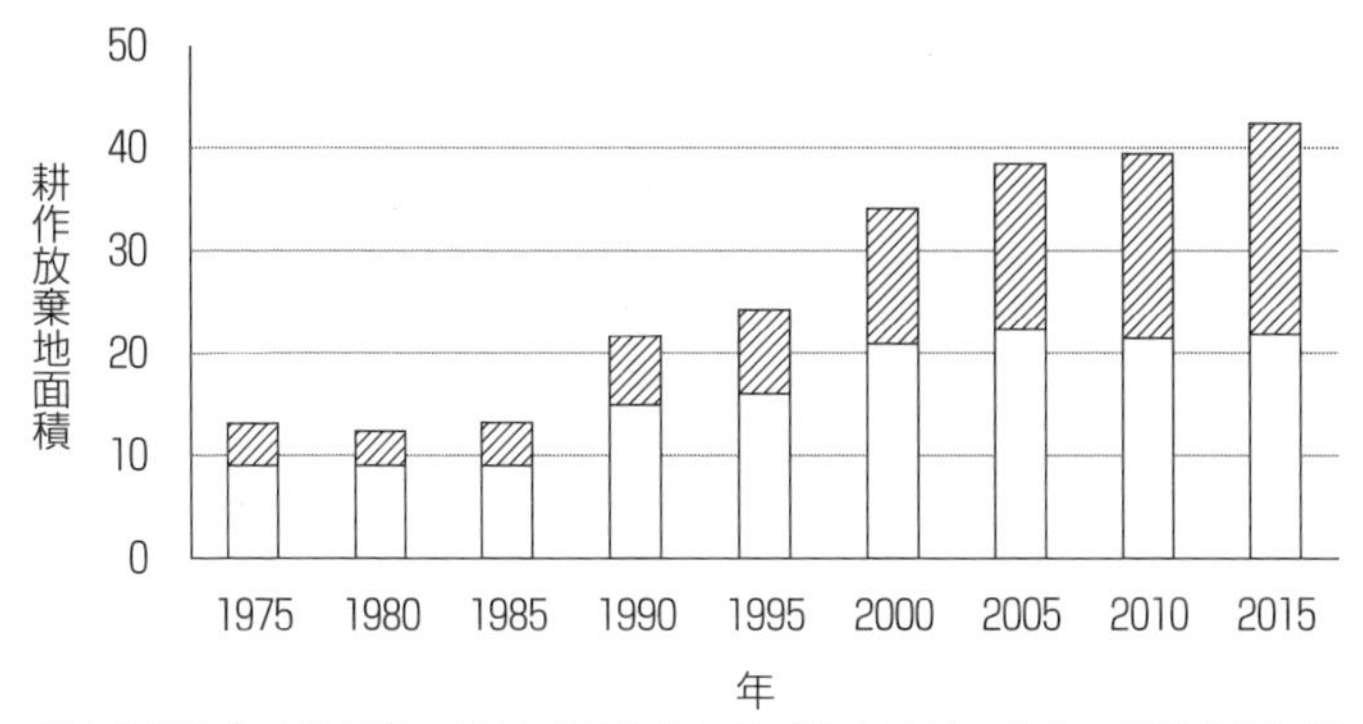

図 6 ●耕作放棄地面積の推移（農林水産省「荒廃農地の発生・解消状況に関する調査」「農林業センサス」より）

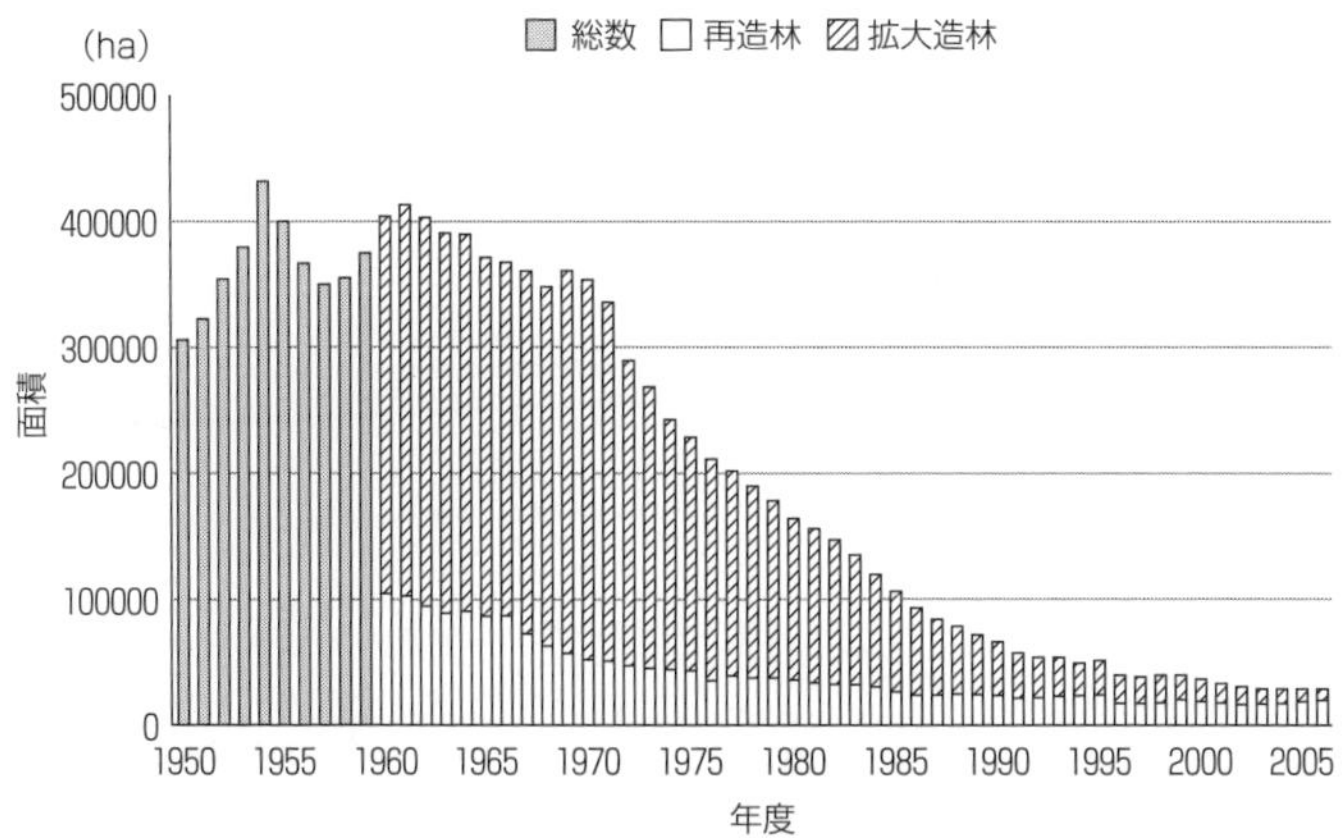

図 7 ●造林面積の推移（林野庁「林業統計要覧」「林業白書」より）

生動物にとっては、食べ物の少ない利用価値の低い森林になってしまう。つまり植林地の増加は、結果として多くの野生動物にとっては、好適な生息地を減少させることにつながったわけである。

このような二つの変化の結果、それまで人の活動によって抑制されていた里山での野生動物の活動が活発になり、奥山から里山へと活動の中心が移るようになった。それが少しずつ拡大し、八〇年代には全国各地で、野生動物の里山への定着がはじまった。

4　人と野生動物との「境界」の移り変わり

ヒト（生物としての人をあらわすときは、カタカナで書く）が狩猟採集生活をしていたころは、ヒトはほかの野生動物と同様の生活をしており、ヒトと野生動物との間には、生活空間を分ける境界はなかった。境界ができるようになったのは、ヒトが特定の場所（集落）に定住して、農業をはじめたころである。「ヒト」が「人」として生活をはじめたころといってもよいかもしれない。

農業とは、ひとことで言えば、圃場（農地）があって、そこで農作物を育てることである。すべての野生動物がはじめから農作物を食べるわけではないが、ひとたび野生動物が農作物を食物だと認識するようになると、野生動物は農作物を食べるようになり、農作物被害が発生することになる。

農作物を食べられないようにするには、必ず人と動物との間に「境界」が必要になる。境界の内側には農作物と人が、外側には野生動物がいて、人と野生動物は、生活範囲が重ならないように、空間を切り分けて生活しなければならなくなる。もし、境界がなければ、野生動物は人の生活範囲に侵入するようになり、利害の衝突（軋轢）が生じる。それが、いま日本全国で起こっている野生動物をとりまく状況なのだ。

では、なぜ生活範囲が重なってしまったのだろうか。それは、前節で述べた野生動物の分布の変化や個体数の回復、エネルギー革命に起因する農村部の生活形態の変化や、過疎化、高齢化がおもな原因である。江戸時代には、里山の中にあった境界が、明治時代以降さらに奥山まで移動し、その後また里山に戻ってきて、いまは集落のごく近くに境界ができている（図5）。

野生動物が集落のすぐ近くまで生息しているというような状況は、少なくとも明治時代以降は、いままでだれも経験したことはなかった。言いかえれば、野生動物に対する対策が必要になったことは、第二次大戦後ほとんどなかったわけである。

戦後の農業は、病虫害については、その存在を想定して、さまざまな技術開発や品種改良をしてきた。だが、八〇年代以降全国で発生しはじめた野生動物による農作物被害は、ほとんどの地域では、まったく未経験のできごとだった。だから、何をどうすれば被害が減らせるか、そのノウハウがまったく蓄積されてこなかったのである。それが、被害問題をここまで大きくしたもっとも大きな（隠れた）原因と言えるだろう。

5　農作物を採食しはじめた野生動物

人と野生動物との境界が集落のすぐ近くまで移動することによって、野生動物たちは簡単に集落に出没できるようになった。それでもなおしばらくは、ほとんど集落に出てこなかった可能性が高い。というのは、野生動物は、一般にとても臆病でかつ警戒心の強いものだからだ。山に食べ物があれば、それが少々まずくても、食べるのに手間がかかっても、危険をおかしてまで、集落に出てくることはなかったはずである。これは推測に過ぎないが、最初は林縁部に近接している農地に、明け方か夕方、人気のない時間に、林からおそるおそる出てきて、農作物を食べてはすぐに林に戻るということをしていたのだろう。そのうちに、人がいても大丈夫だということを少しずつ学習するようになり、やがて、いまのように、地域によっては人前に堂々と現れるようになったというわけである。こうなるまでには、相当の年月がかかったと推測される。多くの野生動物と同様、サルも最初から昼間に集落に現れたわけではなく、最初は明け方まだ人が活動する前に出没をしはじめたと推測される。

では、その間、人はどうしていたのだろう。最初はたぶん、ほとんど被害に気づかなかったか、気づいても「このくらいなら……」と放っておいたのではないだろうか。それどころか、まったく逆効果の対策が行なわれているところもあったと聞いている。実際に被害現場で住民の話を聞くと、「農地を金網で囲んで、その外側にサルが食べるための作物を植える」とか、「サル用によぶんな果樹を植えておくと大丈夫」といった話を何度も聞いた。ところによっては、サルに餌を積極的に与えるようなことがふつうに行なわれていた。いま思うととんでもないことなのだが、ほんの二〇年くらい前には、野生動物の習性についての知識や被害対策の技術は、農家にはほとんどなかったのである。

適切な被害対策が行われなかった時期がしばらく続いたことで、野生動物による被害は恒常化するようになった。なぜなら、そのときすでに野生動物は「この場所(集落)で農作物を食べてもいいんだ」ということと、「集落には食べるものがたくさんある」ということを、十分学習していたと推測されるからである。集落内で採食することを覚えた野生動物たちは、集落は自分たちがいてもいい場所で、農作物や果樹は自分たちの食物だということを死ぬまで忘れない。その結果、集落から野生動物を追い払おうとしても、なかなかうまくゆかなかった。

ちなみに、もう全国で数箇所しか残っていないが、野猿公苑と呼ばれる施設がある。これは、野生動物であるサルに餌を与えて、身近で観察できる場所を作るというものである。目的は、観光や教育などさまざまだったようだが、レジャーの多様化に伴い、ほとんどの地域で消滅していった。人馴れしたサルが、人を襲う咬傷事故が多発したのも原因の一つだった。手提げかばんを持っている人を威嚇してかばんを落とさせるだけでなく、かばんを持っている人のふくらはぎを後ろから咬んだり、伸ばした手をつかんだり、といった事件が多発したのだ。これは、サルが「人を威嚇すれば、かばんを落とす」「人が持っているかばんには食べ物が入っている」ということを学習した結果だった。

いま残っている施設では、どこでも金網越しにサルに餌をやるようになっているので、野猿公苑での咬傷事故はほとんどなくなったが、農作物被害が発生している地域では、数は少ないが咬傷事故が報告されるようになっている。このような野猿公苑が閉鎖された場合、放逐されたサルたちが、農作物被害を起こしやすい群れとして集落の近くに分布していることが、さまざまな地域で報告されている。また、現存している野猿公苑の周辺部でも、群れから離れたサルたちが被害を起こしている事例が数多く報告されている。

6 なぜ集落周辺に野生動物がいてはいけないのか

集落に野生動物が出てきてもいいじゃないか、という人もいるかもしれない。だが、少し考えただけでも、多くの問題があることに気づくはずである。まず、丹精こめて作った農作物が食べられてしまう。とくに山間部の農地で作っている野菜は、冷蔵庫の中の野菜と同じで、いわば、食べたいときに食べられるように作っているものである。それを、勝手に食べられてよいわけがない。

それに、野生動物の多くは人馴れが進むにつれて、どんどん大胆になる。とくにサルは、子どもやお年寄りを馬鹿にするようになったり、攻撃してきたりするようになる。さらに馴れが進むと、家の屋根を走り回ったり、アンテナを折ったり、瓦をめくったり、樋をゆがめたり、家の中に入って、冷蔵庫を開けたり、やりたい放題をするようになってくる。それだけではない。野生動物には、人畜共通感染症と呼ばれる病気や寄生虫をもっているものがたくさんいる。それが人の病気の原因になる。

そのほか、先ほども述べたように、道路や線路に出てきて、交通事故や列車事故の原因になることもある。大きなクマやシカだと車が大破する大事故を引き起こしてしまうし、そういう実例は徐々に増えつつある（図2）。

人と野生動物との関係の基本は、軋轢が起きないように境界を設けて、お互いに相手の生活範囲に入らないことである。お互いが距離を保ってこそ、相手を気遣いながら共存できる道が拓ける。この本では、そのためにはどうすればよいかを、探ってゆきたいと思う。

コラム *column*

加害動物の象徴としてのニホンザル

被害金額としては、シカやイノシシより少ないのに、昼間現れて農作物を食い荒らすために、農家にもっとも嫌われているのがサルである。実際に、被害現場にゆくと、悲惨な光景が広がっており、農家の方が怒るのも無理はないのだが、第一章に書いたように、このようなサルを作った責任の一端は、農家にある。しかしもっと責任が重いのは、餌付けをして研究を進めようとしたくせに、被害対策に何の責任も負わずに放置した研究者や、地域振興を目的として餌付けをした行政関係者だろう。また、拡大造林政策や大規模林道建設を推進して、集落周辺に野生動物の生息地を引き寄せた農林水産省にも大きな責任があることは言うまでもない。

野生のサルは、鳥類やクマと同様、森をつくる種子散布者としての働きをしているといわれている。つまり、食物として食べた果実の種子を糞や頬袋に入れて遠くにばらまいて、別のところに発芽させることによって、植物の種多様性の維持に貢献しているわけである。適切な被害対策が行なわれることによって、生態系において、ニホンザルが本来の役割を果たすようになることを願わずにはいられない。

前述したように、野生のサルは本来は農作物を食べようとはしない。日本全国のすべてのサルをそのような状態に戻すことは不可能にしても、農家と行政の努力によって改善できる可能性がある群れも少なくないと個人的には思っている。

第2章　サルの生態と行動

「サルの社会」というと、いまでも「中心にボスとおとな雌とその子どもたちがいて、周辺に見張り役のわかもの雄がいて……」という二重円構造を思いうかべる人がいるかもしれない。だが、このようなサルの社会像は、初期の研究者がつくった「餌場」という、食物が極端に集中した、いわば人工的な空間が作り出した幻想である。

その後、餌付けをせずに、自然群を遠くから観察した人たちや、あるいは人付けという「人には馴れてもらうが、餌は与えない」という方法で研究した人たちが、雄にも、雌にも、はっきりとした順位があるけれど、群れを統率して命令を発するような「ボス」はいないこと、どちらかといえば中堅（中年）の雌たちが群れの動きを決めていること、集団から少し離れたところに、若い雄たちだけのグループがいることが多いこと、雄は単独で生活したり（ハナレザルという）、群れ間を移動したりして一生を過ごすが、雌は生まれた集団からふつうは一生離れないことなど、次々と新しいことを発見した。

いまでは、ニホンザルそのものの生理や生態、行動については、とてもよくわかっている。この章では、まず加害動物の象徴的存在であるサルの行動や生態について、簡単に紹介したい。

1　ニホンザルとはどんな動物か

サルの仲間は、学問的な分類群としてはサル目（霊長目）と呼ばれていて、おもに熱帯から温帯に生息しており、ＩＵＣＮ（国際自然保護連合）によれば現在四二五種いるといわれている（二〇一六年九月現在）。ローラシア大陸（現在のユーラシア大陸と北アメリカ大陸）で進化したグループで、ツパイ目やヒヨケザル目、ウサギ目、ネズミ目などと近縁である。

このうち日本に生息しているサルは、ニホンザル（*Macaca fuscata*）といい、アジアを中心に分布しているマカク属と呼ばれる仲間の一種である。日本にしか生息していない固有種で、ヒトを除けばもっとも北まで分布する雑食性の霊長類として知られている。そのため、英語ではスノーモンキー（雪の

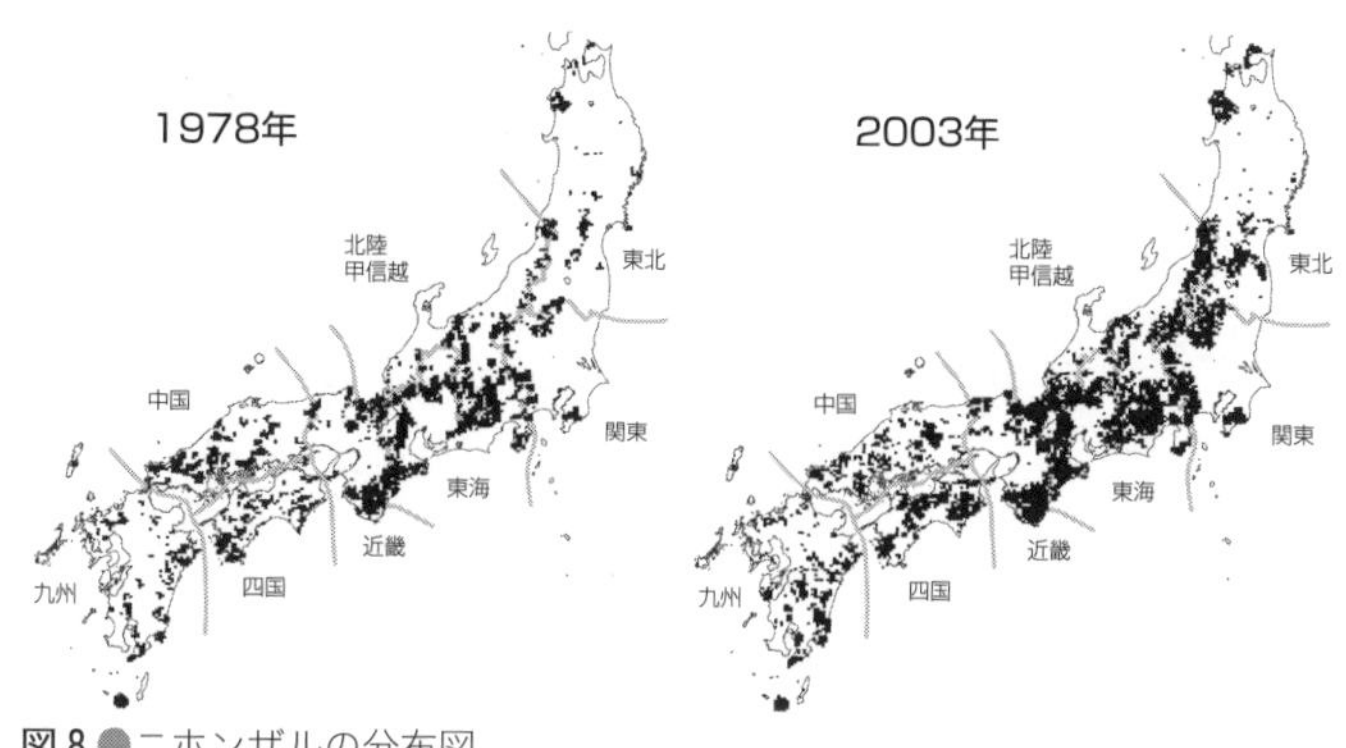

図8●ニホンザルの分布図
1978年（a）と2003年（b）。[環境省のGISデータを改変]

サル）とも呼ばれている。形態が人に似ていることから、昔から信仰の対象（庚申塚）になったり、絵画の題材（鳥獣戯画）や昔話の主人公（猿蟹合戦）になったりしてきた、日本を代表する中型哺乳類である。

最初にニホンザルが日本列島に渡ってきたのは、三〇〜四〇万年前だといわれている。その後なんどか氷期を経験し、分布の拡大と縮小を繰り返しながら、寒冷地への適応能力を獲得したと推測されている。現在は下北半島を北限、鹿児島県の屋久島を南限として、海抜〇メートルから二〇〇〇メートルを越える地域まで、気温、標高、積雪量、植生などがまったく異なる多様な環境に生息している（図8）。屋久島に生息するニホンザルはヤクシマザル（*M. f. yakui*）とよばれ、本州や四国・九州などに生息しているホンドザル（*M. f. fuscata*）とは亜種として区別されている（写真1、2　ホンドザルの雄と雌、ヤクシマザルの雄と雌）。

ニホンザルの体格はがっしりしていて、体長はおとな雄

写真1●ホンドザルの雄（a）と雌（b）［いずれも著者］

写真2●ヤクシマザルの雄（a）と雌（b）［（a）大谷洋介、（b）著者］

で五四～六一センチメートル、おとな雌で体長四七～六〇センチメートル、体重はそれぞれ一〇～一五キログラム、七～一三キログラム程度である。ただし、飼育個体や寒いところにすんでいる個体では、これよりも重くなることがあり、一五キログラムを超える雄も珍しくない。尾の長さは一〇センチメートルぐらいしかなく、アジアにすむほかのマカク属のサルとニホンザルを区別する大きな特徴になっている。ヤクシマザルの体格は、ホンドザルに比べて若干小柄でずんぐりとしている。

体毛は褐色から灰色、晩春から初夏になると、長い冬毛から短い夏毛に生えかわる。顔と尻には毛が少なく、皮膚が露出している。お尻には尻だこがあるが、メスでは楕円形のものが二つ並んでいるのに対し、オスでは中央部がくっついたハート型になっている。歯は人と同じ三二本で、口の両脇には果実などを一時的に口の中に蓄えるためのほおぶくろがある。顔色は個体差が大きく、子どもやおとな雄では白色から薄いピンク色まで、おとな雌では、ピンク色から真紅色までさまざまな個体が見られる。発情期になると、おとなでは、雌雄とも赤色が濃くなることが多く、個体によってはお尻の色も同様に変化する。そのほか手足には指紋や掌紋があり、足の親指はほかの指と向き合っていて、手と同じようにものを握ることができる（拇指対向性）。

2 ニホンザルの社会構造

前述したように、ニホンザルの群れには、ボスはいない。ふつうは複数のおとな雄とおとな雌、子どもを含む十数頭から、ときには一〇〇頭を越える集団を作って生活している。霊長類の群れの社会構造は、単独型、ペア（単雄単雌）型、複雄単雌型、単雄複雌型、複雄複雌型の五種類に分類されるが、そのうちニホンザルの群れ構造は複雄複雌に分類される。

一般に、暖温帯林に生息している群れのほうが冷温帯林の群れよりも集団サイズが大きく、三〇年ほど前までは、餌付け群をのぞく野生のニホンザルでは一〇〇頭を超える群れは、ほとんど知られていなかった。また、亜種であるヤクシマザルでは、大きな群れでも五〇頭を越えることはほとんどない（表1）。個体数が一〇〇頭を超えるような群れは、たいていは動きが不安定になり、分裂することが報告されているが、そのままの頭数を維持する群れもある。一方、餌付け群では、高崎山のように数百頭もの大集団になることもあるが、こちらは餌付けを続けている限り、分裂することなく比較的安定して狭い地域で生息している事例が多いようである。このような事例は、狭い範囲で集中的に高品質の餌を与えるということが、群れの社会構造に大きな影響を与えることを示唆している。

となりの群れどうしの関係は、ホンドザルでは音声のやりとり以外目立った社会交渉がなく、平穏

表1●ニホンザル自然群の平均集団サイズ（Yamagiwa & Hill 1998を改変）

森林のタイプ	平均集団サイズ（頭）	範囲（頭）
冷温帯林	34.9	8-86
暖温帯林	74.8	17-161
暖温帯／亜熱帯林	27.1	13-47

にわかれることが多い。一方、低標高地の亜熱帯地域に生息しているヤクシマザルでは出会ったときにどちらかが避けたり、攻撃しあったりすることがある。このような地域に生息しているヤクシマザルでは、群れが密集して生息しているために、群れ間の競争が激しく、互いに排他的な縄張りを持つ傾向が、ホンドザルより強いことが推測される。

群れの動きを決めるのがだれなのか、実際にはよくわかっていない。ただ、中堅の雌たちの動きが重要なことが多いという印象がある。

3 成長と繁殖と個体数の変化

餌付け群など特殊な場合をのぞけば、雄は四歳ぐらいから生まれた群れから離れはじめ、ほかの群れに入ったり、ハナレザルとして生活することを、一生の間に何度も繰り返す。一方、雌は生まれた群れから離れることなく一生を終える。

野生下での寿命についてはあまり知られていないが、二〇歳を超えることはほとんどないと考えられている。一方、飼育下や餌付けされている群れでは、三〇歳

表2●日本各地に生息するニホンザルの繁殖特性（室山 2008 より）

	地域	植生帯	出産率	新生児死亡率	初産年齢	文献
非猿害群						
	金華山	落葉樹林	0.35	0.23	7.1	Takahata et al., 1998
	金華山	落葉樹林	0.38	0.37	---	伊沢，1990 より計算
	白山	落葉樹林	---	0.32	---	太郎田，2002 より計算
	日光	落葉樹林	0.33-0.34	---	---	小金澤，2002
	志賀	落葉樹林	0.35	0.53	---	Suzuki et al., 1975
	霊山	落葉樹林	0.34	0.28	6.7	Sugiyama & Ohsawa, 1982
	屋久島	常緑樹林	0.27	0.25	6.1	Takahata et al., 1998
餌付け群						
	霊山	落葉樹林	0.59	0.15	5.2	Sugiyama & Ohsawa, 1982
	嵐山	落葉樹林	0.54	0.10	5.4	Koyama et al., 1992
	勝山	落葉樹林	0.50	0.10	5.4	Itoigawa et al., 1992
	幸島	常緑樹林	0.62	0.19	6.0	Watanabe et al., 1992
猿害群						
	下北	落葉樹林	0.50	---	---	鈴木・未発表
	下北	落葉樹林	0.48-0.65	0.08-0.16	5.6	中山，2002
	額田	落葉樹林	0.52	---	---	愛知県，1994 より計算
	室生	落葉樹林	0.55	---	---	山田・未発表
	大山田	落葉樹林	0.53-0.70	---	---	室山・未発表

1）日光については、初冬のカウント。

を超えることもある。

野生のニホンザルでは、雄は五〜六歳くらいから子どもを作れるようになり、一人前の体格になるのは七歳以降である。一方、雌は四〜五歳で初めて発情し、六〜七歳で初産を迎えることが多く、二〜三年に一回出産する（表2）。双子はめったに産まれない。ただし、飼育下や餌付けされている群れでは、栄養状態がよいため、発情や初産が一〜二歳早くなったり、出産間隔が短くなったりする。交尾季は秋から初冬、出産季は春から夏だが、地域によってかなり時期がずれており、例外的な地域（下北半島と屋久島）を除き、北にゆくほど交尾季や出産季が早いことが知られている。

交尾季になると、雌の卵巣は周期的に活動するようになる（月経周期）。ニホンザルの月経周期の平均日数は二五～三一日であり、受胎（妊娠）しない限り、交尾季の間、周期が繰り返される。月経周期はエストロゲンが分泌される卵胞期と、黄体形成ホルモンが分泌される排卵、及びプロゲステロンが分泌される黄体期の三つの時期（フェーズ）から構成される。これらの月経周期は、以前は血中の濃度を測ることによって推定されていたが、現在では、糞中や尿中に含まれる代謝産物（各ホルモンが変化した後に排泄される物質）の量の変化を把握する技術の進歩により、野生個体でも推定することができる。雌の妊娠期間は、個別ケージで一頭で飼育されている個体では平均一六七日、野外の放飼場で集団で飼育されている個体では一七四日、野生個体（宮城県金華山）では一七六日である。飼育個体と野生個体では母親の栄養状態が異なるため、このような違いが生まれると考えられている。

雌と同様に雄にも季節的な周期が見られるが、雄の精巣（睾丸）の活動は、雌の卵巣の活動よりやや先行することが知られている。精巣の大きさは、まだ雌が発情していない八月から九月にかけて増加しはじめ、十月には最大となり、二月には元の大きさに戻る。これとほぼ同調して精巣からはテストステロンが分泌され、精巣内にある精細管では精子が形成される。

このような繁殖特性をもっている動物なので、まったく農作物を食べないニホンザルの群れが一年間に増加する割合は、せいぜい数パーセントである（表2）。森林内の食物の資源量が一時的に増加して個体数が増加しても、資源量の少ない年には出産率の低下や死亡率（とくに新生児の死亡）の上昇が起こるために、相殺される可能性が高いからだ。カシやシイのどんぐりなど、秋の主食となる食物の不作が続いたり、大雪が降って地面で餌を食べられなくなったりすると、子どもや老齢個体の死亡率が高くなり、個体数が減少することもある。下北や白山に生息している農作物を食べない野生群では、個体数が増加していることが報告されているが、いずれの地域でも年間で数パーセント、三〇年間で数倍程度しか増加していない。また、分布範囲が限定されている場合には、長期的には個体数は安定して推移することが報告されている（表2）。

4　生息環境と活動パターン

おもな生息環境は、採食場所である落葉広葉樹林と常緑広葉樹林である。針広混交林や常緑針葉樹林を休息地や泊まり場としてたびたび利用する。また、屋久島や金華山などに生息している島嶼性のサルだと海岸部を利用することも多い。潜在的には食物の供給源となる広葉樹林がある、高山帯などを除くほとんどの地域に生息可能だと考えられるが、現在のニホンザルの分布は、人の存在によってかなり限られたものとなっている。そのおもな原因としては、生息環境の消失や劣化、食料や薬用資源としての利用があげられる。

生息環境の消失や劣化は、潜在的には分布可能な地域を長期的に、あるいは不可逆的に分布不可能な場所に変化させることによって起こる。江戸時代以降の人口増加に伴って、平野部にはニホンザルの生息できない環境が急速に広がったと推測されている。また、山間部においても、金属の精錬に必要な燃料の採取など、森林の過剰利用によって草地や禿山が広がっていた地域があることなどが指摘されている。

一方、食料や薬用資源としての利用は、明治初期から一九四〇年代まで全国のニホンザル個体群に多大な影響を及ぼした。明治時代になって狩猟が自由化されてからは、高い狩猟圧がかけられるようになり、それまで生息していた平野部からはまったく姿を消し、山間部にかろうじて生き残るような状況になった。東北地方のニホンザル分布が非常に限られているのは、狩猟によりこの時期に東北地方の地域個体群の大幅な縮小や絶滅が起こったためである。このような状況のなか、少なくとも明治以降から戦前までは、ニホンザルの分布は縮小し続けた。

戦後、拡大造林や大規模開発などによって生息に適した広葉樹林などが減少し、分布可能な地域はさらに限定されるようになったが、その一方でニホンザルは非狩猟獣となったため、それまで続いていた食料や薬用資源としての利用はなくなった。さらに一九六〇年代になり、人の生活形態の変容やエネルギー革命によって、人里付近の雑木林の利用価値が急激に低下し、燃料や肥料を取るために人が山に入ることも少なくなった。このようなさまざまな社会的環境の変化によって、それまでの長い歴史のなかで培われてきたニホンザルと人との関係を支える基盤が失われ、現在に至っている。

ニホンザルの行動圏の広さは、野生の、農作物を食べないホンドザルでは数平方キロメートルから数十平方キロメートルだが、ヤクシマザルの場合はずっと小さくて、せいぜい一～二平方キロメートルである。下北半島に生息する集団では、八〇平方キロメートルを越える例も観察されているほか、季節移動をする集団では一〇〇平方キロメートルを越えることもある。行動圏は冬がもっとも狭くなり、春から秋にかけては広いことが多い。一日の活動パターンは二山型で、早朝と夕方に採食のピークがくることが多く、休息と採食、移動を繰り返しながら、ほぼ一日中、山の中を動き回っている。明け方から日没まで活動し、夜はほとんど動かない。冬の寒い時期にはほとんど動かない日もあるが、ふつうは一日に、一～二キロメートルから長くて数キロメートル移動する。

5 食性

植物性のものをおもな食物とする雑食性だが、昆虫などの動物性のものも好んで食べる。ただし、地域や季節によって食べるものはかなり変化することが知られている。

春は若芽や若葉、花がおもに食べられ、晩春から秋にかけては、さまざまな果実や昆虫などがおもな食物になる。冬は、暖温帯では常緑樹の成熟葉が重要な食物になる。冷温帯では広葉樹が落葉してしまうため、落果や樹皮、冬芽、あるいは草本などに限られる。積雪地域では落果や草本なども食べられないので、採食可能なものが少なくなり、とても厳しい食生活になる。一年を通してみれば、秋と春が食物が豊かで、夏と冬が乏しく、北にゆくほど冬が厳しくなると考えられている。実際に摂取カロリーと消費カロリーを計算した研究では、夏と冬では収支がマイナスになるのを、春と秋でカバーしていることが明らかとなっている。北に棲んでいるサルほど食生活が厳しく、春の訪れが少し遅れただけで大量死が起こったり、新生児の死亡率が高くなったりすることが知られている。そのほか、海岸沿いに生息しているごく一部の地域では、打ち上げられたり釣り人が捨てていった魚を食べたり、貝類を食べたりすることが報告されている。地域や季節によって変わるが、採食に費やして動き回る時間は一日の三〇〜五〇パーセントと考えられている。

ニホンザルはさまざまな食物を食べるが、その中でも果実は重要な位置を占めている。これまでの研究では、ある程度の大きさの種子は噛み砕いてしまうが、それより小さい種子を含む果実の場合は、種子はそのまま排泄してしまうことがわかっている。つまりサルは、さまざまな植物の種子を、あちこちに散布する動物（種子散布者）として、森林の植物の種多様性を増やすのに役立っていると言えるだろう。実際に、鹿児島県でサルが生息している屋久島と、すでに絶滅した種子島で植物の種多様性を比較した研究では、屋久島のほうが多様性が高いという結果が得られている。

最近になって、地球温暖化の影響を受けて、ニホンザルの生息範囲が高度の高い亜高山帯から高山帯に広がっていること、それによるライチョウ（*Lagopus muta*）の亜種であるニホンライチョウ（*L. m. japonica*）への影響が懸念されていることが、報告された。報告によるとニホンライチョウの雛を捕食しているとして、動画や写真が公開され、ニホンザルの捕食による絶滅の危険性が指摘されている。これまでの長いニホンザル研究の中では、生きている鳥類の雛を襲ったり、卵を食べたりすることはまったく報告されたことがなかったので、ある意味衝撃的なできごとなのだが、同じオナガザル科の種（たとえばサバンナヒヒ）では肉食は観察されているので、ありえない話ではない。ただ、ニホンライチョウのおもな捕食者はキツネやテンなどの食肉目（ネコ目）であり、ニホンザルによる影響は大きくないとわたしは推測している。

6 知覚と学習

ニホンザルは、ほかの哺乳類に比べ、色覚や視力などが優れているといわれている。ほかの多くの哺乳類と違って、人と同じ三色性色覚をもっているので、さまざまな色を見分けることができる。このおかげで、ニホンザルは、果実が熟しているかどうかを、遠くから見分けることができると言われている。もう一つの大きな特徴は、ネコの仲間と同様に、目が顔の前に並んでついていて、両眼による立体視ができることである。このおかげで遠近感を把握できるため、飛び移る先の枝までの距離が正確にわかる。樹上で生活をするニホンザルにとっては、とても大切な特徴である。

では、聴覚や味覚、嗅覚はどうだろうか。ニホンザルは人の聞き取れない二〇キロヘルツ以上の高い音を聞くことができる反面、人の音声に近い四キロヘルツ周辺の音や〇・五キロヘルツ以下の低い音が聞き取りにくいことがわかっている。味覚については、うま味以外の四つの基本的な味覚に対して感受性が高く、渋みに強いことがわかっている。とくに、甘いものについては鋭敏なようで、多くの品種を栽培している果樹農家からは、いちばん甘くておいしい品種が狙われるという話をよく聞く。一方、残念ながら、嗅覚については研究が少なくあまりよくわかっていない。鼻の構造からすると、人と似たり寄ったりではないだろうか。

サルの特徴としてすぐに頭に浮かぶのは、頭のよさだろう。たしかに、おいしい果実のなる場所などを覚える能力は高く、そのような場所を記憶するための地図（認知地図）を頭の中に持っているのではないかといわれているほどである。また、群れ社会を作る動物なので、何人かの人が一緒にいると、その中でだれがいちばん強いかすぐに見分けたり、だれが怖いか、だれが餌をくれる人かもすぐに覚える。ただ、よくいわれるような物真似（模倣）は、ニホンザルにはできないことがわかっている。ニホンザルができるのは、何でも自分でやってみて失敗しながら覚える、いわゆる「試行錯誤」だけなのだ。

また、感情を表現する音声はもっているが、人のような言語はもっていないので、「昨日あそこにおいしいものがあった」とか「あの場所にゆくと危ない」など、過去に起こったことや、危ない場所などの情報をほかのサルに伝えることはできない。つまり、人のように、空間的に離れた場所で起こったできごとや、時間的に離れたできごと（過去や未来のこと）を、ほかのサルに伝えることはできないのである。

もう一つ意外なこと、それは「協力して何かをする」ということが、できないことである。協力行動ができることは、フサオマキザルやチンパンジーなどでは実験的に証明されているものの、多くの霊長類ではむずかしいと考えられている。よく農家の方から、「おとなのサルが子どものサルを畑に入らせて、作物を取って来させる」という話を聞くが、見かけ上そのように見える行動を誤って解釈しているというのが真相のようだ。

7 運動能力

もう一つ、忘れてはならないのは抜群の運動能力と手先の器用さである。ムササビやコウモリなど空中を飛べる哺乳類や水生の哺乳類以外で、環境を三次元的に自由自在に利用できる哺乳類は、日本ではニホンザルだけである。手足で枝や幹を掴みながら、高い木にあっという間に登ることができる。枝にぶら下がって逆立ちをしたり、数メートル先の枝葉に飛び移ることも朝飯前である。

これを可能にしているのは、親指とほかの指が向かい合っていて、物を握ることができるという拇指対向性という形態をもっているからである。この形態のおかげで手先も器用で、木の実を一つずつつまんで口に運んだりするのはもちろん、毛づくろいの相手の体毛についている体長一ミリもないシラミの卵を爪先で取ったりすることもできる。

手指の力も強いので、狭い隙間に指をかけて登ったり、数ミリ程度の凹みに手をかけて登ることもできる。実際に、飼育下のニホンザルがそのような構造をもった壁面を登って逃走することもあり、抜群のフリークライマーだといえるだろう。そのほか、体重程度の重いものを動かしてしまったり、二〜三メートル垂直に飛び上がったり水平に飛んだりできることもわかっている。

そのかわりといってはなんだが、走る速度は意外に遅くて、全速力で走れる距離もあまり長くない。

ニホンザルは、霊長類の中では、比較的地上で生活する時間の長いサルだが、危険がせまると高いところに逃げようとするのは、自分が地上ではあまり敏捷でないのを知っているからかもしれない。

8 集落に出没するニホンザルの行動と生態

いままで述べてきたことは、農作物被害に無縁の山野に暮らしているサルたちの話である。農作物を食べはじめると、サルは豹変するといってもいいかもしれない。

ここでは、具体的にどんな変化が起こるかを簡単に説明したい。

(1) 食性と生活の変化

人里に現れるようになったサルにとって、もっとも大きな変化は、それまで食物だと認識していなかった農作物を、自分たちの食物として食べはじめることである。動物のなかには、生まれながらに自分の食べるものを知っているものもあるが、ニホンザルは食べられるものをすべて生得的に知っているわけではなく、成長の過程で、試行錯誤で学習を重ねながら食物レパートリーを獲得してゆくといわれている。母親のそばで、いろいろなものを口にしながら、少しずつ食の世界を広げてゆくのである。

人里に現れたサルたちは、すぐにさまざまな農作物を食べるわけではない。最初は、カキやクリなど集落周辺の森林に自生しているものを食べているだけだが、何度も集落に出没するようになると、集落内に生えている果樹の実を狙うようになり、カキやクリ、各種のかんきつ類、ナシ、モモ、スモモなど、なんでも食べるようになる。ただ、何を食べるかは、地域によって異なることがあり、たとえばキーウィなどは、食べる地域と食べない地域に分かれることがわかっている。

集落内の果樹を食べるようになる時期と前後して、今度は地面に下りてさまざまな農作物に手をのばしはじめる。当然いままで食べたことがないものだから、最初はためしに一つ二つと口に入れるだけだが、美味しいとわかるとどんどんレパートリーが広がってゆく。とくに甘みのあるものは、カロリーが高いと推測されるので、サルの好物になりやすく、トウモロコシ、カボチャ、スイカなどはよく狙われる。そのうち、どんどんいろいろな野菜に手を出すようになり、ニンジン、トマト、キュウリなど、食べ応えのあるものはほとんど食べられてしまう。冬場の餌のない時期には、あまり好きではない葉菜類にも手をだすようになり、白菜の白いところやホウレンソウの地際の甘みのあるところ、ネギの白いところなども食べるようになる（写真3）。

被害にあうのは、田畑にある農作物だけではない。保存用に吊るしてあるタマネギやダイコン、収穫後に乾燥させるためにザルに広げた大豆や小豆、倉庫にしまってあるジャガイモやサツマイモ、お

写真3●被害にあったネギ［著者］

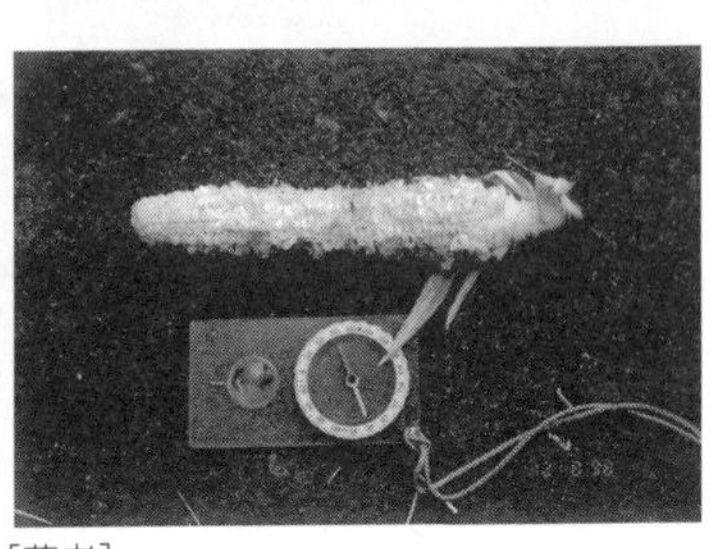

写真4●被害にあったトウモロコシ［著者］

墓に供えてあるお菓子やミカンなど、目についたものを手当たり次第食べてしまう。

サルがもっとも憎まれる要因の一つに、食べ方がひどいということがある。「食べ散らかす」という表現がぴったりと当てはまるような食べ方をする（写真3）。例えば、大根は地面から出ている青くて甘い部分を少しかじるだけ、ネギだと根元に近いところを数センチメートルだけ食べて捨てる、そのほかの多くの農作物も少しかじっては捨てるという食べ方をする。唯一残さずにきれいに食べるのは、トウモロコシぐらいである（写真4）。

農作物への依存度がとても高くなると、極端に辛いものや苦いもの以外、畦に生えているものも含めてなんでも口にするようになる。そうやって、集落周辺に一日〜数日間滞在して、食物が少なくなると、次の集落に移ってゆくという生活をするようになる。もちろん山中にいるときは、野生の果実や葉なども食べるのだが、放置しておくと、農作物への依存度はどんどん高くなってしまう。

（2）栄養状態の変化

農作物は野生のものに比べて消化率や栄養価が高く、食べられる部分が多いものがほとんどである。農作物を採食することが多くなると、野生の食物だけを食べているときに比べて、採食効率（時間当たりのエネルギー摂取量）が飛躍的にあがる。その結果、山の中で、ぎりぎりの生活をしていたときにくらべて、ずっと栄養状態がよくなる。とくにそれが顕著になるのが、本来は野生の食物が不足しているはずの夏季と冬季である。

冬季に農地に何もなければ問題はないのだが、白菜や大根が栽培されていると、格好の餌になってしまう。また、白菜やキャベツの収穫後の残渣（ざんさ）は、収穫量と同じくらいになることがわかっている（滋賀県での調査結果：巻末のHPリスト参照）ので、収穫後残渣を放置すると、それだけサルの餌が増えることになる。また、いわゆる捨てづくりの大豆（冬）や麦（初夏）が収穫されずに放置されていたりすると、それもサルの栄養状態改善につながる。

(3) 成長と繁殖状態の変化

栄養状態がよくなると、一般に動物は成長が早くなったり、よく繁殖したりする。ニホンザルも例外ではなく、それまでにくらべて出産率が上昇したり、新生児死亡率が低下したりする。これまでの調査結果から、農作物を食べない群れの出産率は二七〜三八パーセントなのに対し、農作物を食べる群れの出産率は四八〜七〇パーセントと高くなることが報告されている(表2)。また、農作物を食べない群れの新生児死亡率は二三〜五三パーセントだが、食べる群れの新生児死亡率は八〜一六パーセントと低いことがわかっている。

ニホンザルは、本来は出産率が低く、新生児死亡率が高いために、増加率が低いのだが、農作物を食べはじめると、夏季と冬季に栄養状態が大幅に改善されてしまう。その結果、交尾期である秋から冬にかけて、受胎や出産の鍵となる雌の脂肪蓄積が増加したり、夏季の栄養不足による新生児への授乳量の低下が起こらなくなったりする。その結果、出産率の上昇と、新生児死亡率の低下が起こる。

(4) 個体数の変化と分布の拡大

農作物を食べるようになると、出産率が高くなり、新生児死亡率が下がるため、個体数が急激に増加しはじめる。栄養状態がとてもよくなると、新生児はほとんど死なくなり、出産も一〜二年に一回になるので、集団の個体数は、だいたい五年で二倍になる。前述したように、農作物を食べない集

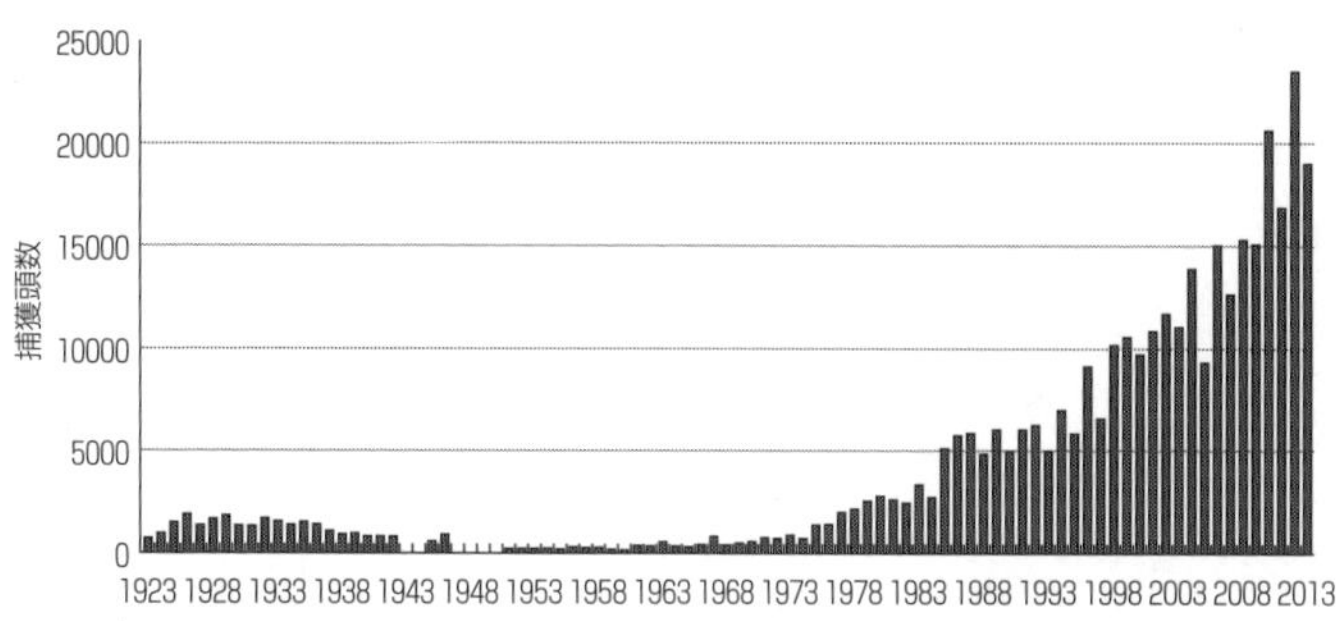

図 9 ●ニホンザルの捕獲頭数の推移（「狩猟統計」「鳥獣関係統計」より）

団では、個体数は三〇年間で数倍にしかならないが、農作物を食べる群れでは、計算上約六〇倍にもなる。

六〇頭から一〇〇頭程度に大きくなった集団は分裂し、分裂した集団があらたな生息地を求めて分布を拡大しはじめる。分裂した集団は、これまでサルのいなかった地域に現れ、激しい被害を出しはじめる。そこで被害が食い止められないと、さらにサルは個体数を増やし、新たな地域に分布を拡大するという悪循環が繰り返されることになる。この悪循環が一九八〇年代からずっと続いているからこそ、毎年一万頭以上捕獲しているにもかかわらず、被害が減少しないのである（図 9）。

(5) 人馴れの進行

もう一つの大きな変化は、人馴れが起こることである。それまで森林で暮らしていて人に接したことのないサルたちは、人に対して強い恐怖感や警戒心を持っている。ところが、集落に現れるようになると、さまざまな形で人と接するようになる。最初のう

写真5●ブランコで遊んでいるニホンザルの子ども［著者］

ちは人を見ると逃げていたサルたちも、人に何もされないとわかるとだんだん大胆な行動に出るようになり、やがて人を無視したり、威嚇するようになる。ここまでサルが変わってしまうと、それを元に戻すのにはかなりの時間と労力が必要になってしまう。

人馴れがすすんだ地域では、農作業をしている女性の十メートルほど先でサルがダイコンを食べていたり、公園のブランコで遊んでいたりするというような風景が日常的に見られる（写真5）。さらにエスカレートすると、林縁に近い家屋の屋根で日向ぼっこをしたり、毛づくろいをしたりするようになり、アンテナを折る、樋を壊す、瓦をめくるなどの住居環境被害を出しはじめる。もっとひどくなると、鍵のかかっていない玄関や窓から部屋の中に入って、仏壇のお供え物を食べたり、冷蔵庫の中のものを引っ掻き回したりする。玄関や窓に鍵をかける習慣がなかった集落でも、サルのせいで鍵をかけるようになったという事例も珍しくない。

さらにその状態が続くと、やがてサルに噛まれたり引っ掻かれたりするという人身被害があらわれるようになる。もちろんすべてのサルが咬傷事故を起こすわけではなく、特定のサル、とくに雄ザルがなりやすいことがわかっている。いずれにせよ、こうなってしまえば、被害を防ぐには捕殺するしか方法がなくなる。

9 サルはもともとそんなにやっかいな動物なのか

ここまで読んできた人は、たぶん「やっぱり駆除（殺す）しかないんじゃないか」と思うかもしれない。でもちょっとそこで一つ深呼吸をして、**この章の前半の内容を思い出してほしい**。そこには、もともと人より前に日本にいた、中型の哺乳類の日常生活が書いてある。これだけを読んで、「サルは日本にいないほうがいい」という人は、あまりいないのではないだろうか。

サルがどうしようもない存在になってしまった背景は第1章に、サル自身の本来の生活は本章の前半に書いた。その本来の生活が変わってしまったからこそ、サルはやっかいな存在になってしまったのだ。背景はそう簡単には元には戻せないが、サルの生活をいまのような状態に変えてしまった原因の一端は、人間側にもあることを知ってほしい。もしそうなら、サルがいまの生活を捨てて、元の生活に戻るようにすることが、サルによる被害問題を解決するもっとも根本的な対策ではないだろうか。そのためにはどうすればよいかは、次章以降で考えたいと思う。

コラム

column

日本（北海道を除く）に生息しているおもな野生動物

日本には、サル以外にもたくさんの哺乳類が生息している。ここでは、本州以南に生息する代表的な中大型哺乳類（コウモリの仲間を除く）であるシカ、クマ、イノシシについて、河合・林（二〇〇九）「動物たちの反乱」（ＰＨＰ研究所）を参考に簡単に紹介する。

・ニホンジカ（シカ）

弥生時代から食料として、あるいは毛皮や道具として利用されてきた。農地が拡大する前の江戸時代には、シカもサルと同様平野部に広く生息していたことがわかっているが、その後の狩猟圧の増加にともない全国各地で絶滅の危機に瀕した。戦後の保護政策である雌ジカの狩猟禁止によって個体数を回復し、現在ではもっとも農林業被害の多い獣種となっている。

日本に生息するシカは一種のみだが、七亜種に分類され、もっとも北にすむエゾジカの成獣雄の平均体重は一〇〇キログラム、最小クラスのヤクジカでは五〇キログラムである。飼育下の寿命は二〇歳以上だが、野生獣では三歳以下（兵庫県）である。

雌ジカは五〜六月に出産し、二歳でおとなの体格になって初産を迎え、その後毎年一頭の子どもを産む。一方雄ジカは、一歳の秋には繁殖能力を持つが。実際に繁殖に参加するのは二歳以降である。

植物性食物を中心に、花や若芽などに高い選択性を持つが、高密度になると不嗜好性植物以外は落ち葉まで食べる。行動圏は地域によって大きく異なり、季節移動や標高の変化なども観察されている。雄のほうが雌よりも移動距離が長い。

・ツキノワグマ（クマ）

ツキノワグマは、以前は北海道を除く地域に分布していた。現在では、人間との軋轢により地域個体群の絶滅が危惧されている地域が多く、九州ではすでに絶滅している。遺伝子の研究によると西日本のツキノワグマの遺伝的変異は、東日本に比べてかなり小さいことが分かっている。

平均体重は雄で七〇キログラム、雌で五〇キログラム（いずれも兵庫県）ほどである。個体差や個体内変動も大きいことが報告されている。

食性は、分類学的には食肉目だが雑食性が強く、春から初夏は草、木の葉、果実などを食べ、夏はハチやアリなどの昆虫類を、秋は堅果やクリ、ヤマブドウなどを大量に食べて冬眠に備える。

冬眠明けの時期は、雄が三月下旬、次いで単独雌、最後に出産雌が四月下旬である。六月になると交尾期を迎えるため、雄の行動圏が広がる。春から秋にかけて活動したあと、十一月下旬から十二月下旬に冬眠に入る。雌は栄養状態がよい場合、この時期になってはじめて受精卵が着床する（着床遅延）。その後六〇日で一～二頭の子どもを出産し、冬眠明けまで穴の中で、ほかに栄養を取らず体脂肪だけを使って授乳し続ける。そして四月下旬に母子揃って冬眠穴から出てくる。

行動圏のデータは少ないが、上高地と氷ノ山で取られたデータでは、雌より雄のほうが大きく、雌で二五～一二一キロメートル、雄で二六～一九五キロメートルと個体差が大きいと報告されている。

雌雄とも行動圏は重複しており、なわばりはないことが兵庫県の調査で明らかとなっている。

　クマの集落出没とブナの実や堅果類（以下、堅果類）の豊凶との関連については、近年詳細な研究が行われるようになり、堅果類の凶作年には集落出没が増えることが明らかとなっている。

・ニホンイノシシ（イノシシ）
　イノシシは北アフリカからユーラシア大陸全体に広く分布する、狩猟資源として古くから活用されてきた野生動物である。現在日本では西日本を中心に分布しているが、近年分布域が関東や北陸へと北上を続けている。

　イノシシは早ければ一歳、ほとんどの個体が二歳で繁殖をはじめる。毎年一～三月が交尾期で四～六月に出産する。産仔数は三～五頭である。秋に出産する可能性も指摘されている。条件がよければ爆発的に増加するが、多くの場合は幼獣の生存率が低く、増減を繰り返すことが多い。兵庫県のデータによれば、一歳で二〇～六〇キログラム、二歳以上で三〇～七〇キログラムというのがふつうだが、個体差も大きく一〇〇キログラムを超える個体も記録されている。

　食性は雑食性で、春は新芽やタケノコ、夏から秋は果実や堅果、根茎、小動物など消化しやすく栄養価の高いものを食べる。

第3章 野生動物がいるから「被害が起こる」？

──被害発生の原因

被害地域にゆくと、必ずと言ってもいいほど出る意見は「野生動物は絶滅させればいい」というものである。たしかに短期的には、それも被害を軽減する一つの案かもしれない。だが、野生動物がいることによって受けられている、まだ解明されていないさまざまな恩恵が、絶滅することによって受けられなくなるとしたら、だれが責任をもつのだろう。野生動物は、法的にはわたしたちの所有物でもなく、それぞれがわたしたちヒトより早く日本列島にわたってきた哺乳類である。わたしたちが目指すべきものは、絶滅しかないのだろうか。この章では、「被害が起こる」ということをもう少し掘り下げてながら、別の道を探ってみたい。

1 なぜ被害が発生するのか？

野生動物による被害が発生する原因については、さまざまなことが考えられている。たとえば、第一章に書いたような被害が起こる背景、とくに拡大造林による広葉樹の伐採に起因する生息地の縮小や消失、農村部の過疎化や高齢化、エネルギー革命以降の里山利用の減少による人と野生動物との境界の移動などが、すぐに脳裏に浮かぶだろう。

でも、動物の側の答えは一つだけである。それは「農地や集落に餌（農作物や果樹の実）があるから」である。もし、農地や集落に餌がなければ、あるいは餌があっても、それに手や口がとどかなければ、被害は発生しない。「手や口がとどくところに餌があって、それを野生動物が食べてしまう」ことが、私たちが「被害」と言っていることなのだ。

とすれば、被害が発生する原因は、集落の中に、「野生動物の手や口のとどくところに餌がある」ことになる。いいかえれば、野生動物の手や口のとどかないところにある農作物には被害は発生しないし、手や口のとどくところにあっても、野生動物が食べなければ、被害は発生しない。

ある集落でこのような話をしたら、何をのんきなことを言っているのか、とお叱りを受けたことがある。でも、これが根本的な原因なのだ。この状況をなくせば、被害はなくなる。サルやほかの野生動物がいるから被害が発生するのではなく、被害が発生する条件が揃っているから被害が発生するのだ。そして、その状況を作っているのは、野生動物ではなく、ほかでもない人なのだ。

交通事故を例にとって考えてみよう。交通事故は、ドライバーや歩行者のちょっとしたミスや不注意で起こる。でも、考えてみれば、これだけ大量の車がかなりのスピードで走っているのに、事故が起こらないのが不思議なくらいである。

なぜ事故が起こらないかといえば、①運転者に限って言えば、ある程度の訓練をうけて免許を取り、交通ルールを守っている。②歩行者もある程度交通ルールを知っていて、ある程度守っている。③事故が起こらないようなさまざまな工夫が、道路などに施されている（たとえば高速道路のゆるやかなカーブや、歩道の幅が変化している道路、LED式の太陽光の影響を受けにくい信号機など）。①と②と③があるから、かなり危険な状況でも、事故は最小限におさまっている（というより、おさまるように努力している、といったほうが正確かもしれない）。

野生動物による農作物被害の場合、被害が発生しないのなら、①野生動物は農作物が食物だとは知らない、もしくは、②野生動物は農作物を食物だと知っているが、農家がなんらかの被害対策をしている、のどちらかによって被害が発生していないことになる。①の場合なら、「農作物を餌だと思わせる機会を作らない」ことが対策になる。②の場合なら、「使われている被害対策を詳細に分析して、それを適切に維持管理して農作物を守る）」ことが対策になる。（交通事故をたとえにしているので、捕獲は考えていない。車をなくすことを想定することは現代社会ではありえないからである）。

2　被害防止の基本的な考え方

先に書いたことの繰り返しになるが、被害を防ぐ方法、それは「手や口のとどくところにあっても、野生動物が農作物を餌だと思わないようにする」か、「農作物を、野生動物の手や口のとどくところに植えない（置かない）」か、のどちらかである。このように書くととても簡単そうだが、実際に実行しようとすると難しいからこそ、被害がどんどん拡大していることを強調しておきたい。前者は、「農作物を餌だと思わせない」ということだし、後者は「いろいろな障壁を使って、農作物を守る」ということなので、それぞれを説明することにする。

3　農作物を餌だと思わせない

サルが農作物を「食べ物」だと学習する機会を与えなくすることができれば、少なくともサルによる被害はなくなる。サルは、自分が食べられるものを、生まれてから覚える。子どもは、母親の後を追って山野を駆け巡って、いろいろなものを口にして、少しずつ食べ物のレパートリーを増やしてゆく。だから、農作物に接する機会をなくしてしまえば、被害は起こらなくなるはずである。

ただし、何が食べ物かを生得的に（生まれながらに）知っている動物には、この方法は使えない。ただ、多くの哺乳類は、生まれてから母親と一緒に行動する中で、食べられるものの種類や狩りのしかたなどを覚える。そう考えると、クマやイノシシなどにも、もしかすると使える方法かもしれない。

農作物のほとんどは、野生のサルが生息している場所にはないものである。たとえば、屋久島の奥地に生息しているヤクニホンザルにミカンを見せても見向きもしない。ところが、観光客に餌をもらっているサルたちは、あっというまにミカンを食べてしまう。それは、「ミカンは食べ物だ」ということを知っているか、「人がくれるものは食べられるものだ」と覚えているか、どちらかなのだが、いずれにせよ、そのようなサルは、多かれ少なかれ農作物に被害を与える。それは、子どもが母親と一緒に繰り返し農地に出てきたり道路にでてきたりして、いろいろな農作物の味を学習した結果なのだ。

集落を見渡すと、サルに農作物を餌だと思わせる機会がたくさんあることがわかる。収穫した白菜やキャベツなどの残渣、摘果されて地面に落ちているミカンやブドウなどの果実、収穫しないで放置してある果樹の果実、放棄果樹園に実っている果実、減反政策などによって作られた、収穫する予定のない大豆や麦など。集落は、食べ物の宝庫といってもいいだろう。

これらのものは、人にとってはゴミだが、サルやほかの野生動物にとってはごちそうになる。とくに、生息地に野生の餌が少なくなる冬場や夏の暑い時期には、これらのゴミは貴重な餌になる。と同時に、ゴミになっているものが、もともと大切な収穫物である農作物の味を覚える機会になってしまって、いずれ農作物そのものへの被害へとつながってゆく。

このような状態になると、たとえ農作物そのものの被害は少なくても、第二章で書いたように「栄養状態がよくなって、個体数が増加する」ようになる。ゴミを食べてどんどん個体数が増えて、被害が激化してゆくことになる。さらにそれが進むと、人の出入りを見計らって、人家や倉庫に侵入するようになる。備蓄しておいたジャガイモやたまねぎ、干してあるしいたけや豆類なども、油断していると食べられてしまう。

「農作物を餌だと思わせない」で被害をなくすというのは、気の長い話である。とても現実的ではないように聞こえる話でもある。でも、農作物以外のものも含めて、餌だと思わせないことが、**もっとも大切な基本的な被害対策**である。最初に餌として覚える機会を少しでも減らすことが、被害を少しずつ減らすことにつながる。とくに、子どもをつれている母親の中には、警戒心の強い個体が多いので、まずそういう個体が農地に出る機会をできるだけ減らすようにすることが重要なのである。

ある農作物を自分たちの餌だと、いったんサルが覚えてしまうと、それを忘れさせることはとても難しくなる。だが、粘り強く取り組めば、食物をもっていない人を襲ったり、家の中に入り込んで食べ物を漁ったり、コンビニの袋に手をかけたりしなくなる。そして、群れの中に、農地のものを食べたことのない個体しかいない状況になって、はじめて被害が完全になくなる。

農作物ではないが、餌付けをやめることに成功した事例を一つ紹介したい。宮崎県にある、日本における霊長類研究発祥の地である幸島では、京都大学の職員がサルの管理をしている。わたしが大学院生だった一九八五年当時は、研究者のための食料を島に運ぶときは、ベテランの職員が群がるサルを追い払いながら、島の中にある小さな小屋に、ダンボールに入った食料を持ってゆくのが通例だった。観光客などが手提げ袋から餌を与えたりしていたので、袋などを持っていると、威嚇されて、ひったくられたり袋を破られたり、とにかくたいへんだった。観光客のために地元住民が餌付けをすることが日常的におこなわれていたからである。京都大学の職員も、サルがいるかどうかを確認するために少量のコムギや大豆を月に数回と、夏場の餌不足を補うために、夏の間だけ大豆を与えていたが、サルたちは職員に対してはひったくるなどの行為はしなかった。それは、職員がサルたちに恐れられていたからである。

その後、京都大学と地元住民とが話し合って、観光客を守るためにも、①地元住民は餌付けはしない、②観光客も島に餌を持ち込まない、ということを決めた。その結果、徐々に人を襲うような行動は少なくなっていった。一九九九年に、京都大学の助手に採用されて、わたしが幸島に行ったときには、以前のように人のカバンを狙ったり、袋を破ったりする個体は激減していた。およそ一四年の間に、サルたちの行動は大きく変化したのだ。それは、地元住民が大学との約束を守って、自分たちで餌付けすることをやめてくださったからできたことだった。

現在では、ごく近くにサルが来ても、威嚇したり襲ったりすることはほとんどないようになっている。人馴れは以前と同じだが、「人は食べ物をくれる存在である」ということは、彼らの頭の中からはなくなったわけだ。

一九八五年から一九九九年までの一四年間は、サルだとちょうど一世代くらいたって、当時のこどもがおばあちゃんになっているぐらいの時間の長さである。この事例は、時間をかけてしっかり守れば、農作物を食べることをやめさせることができることを証明している。

4 農作物への依存度と人馴れの程度

もし、サルがすでに農作物の味を覚えてしまっていたら、なんらかの障壁を使って守るしかない。ほとんどの地域では、すでにこの状況になっていると思うが、農作物への依存度や人馴れの程度によって、使える被害防止対策は異なる。まずは、農作物への依存度と人馴れの程度の説明からしたいと思う。

（1） 農作物への依存度の変化

被害を出しはじめた群れの多くは、まだほとんどの時間を山中の食物を食べて過ごしている。そして、山中の食物が不足しがちな夏場や冬に、落穂拾いや夏野菜を食べに、林縁のすぐ近くの農地まで出てくる。この時期だと、サルの被害が起こっていると認識するのが難しいくらい、被害が軽微なこともあるが、集落周辺の広葉樹の果樹を食べたり、鳴き声を交わしたりするので、近くまで来ていることがわかる。

そのうちに、少し林縁から離れたところにある農地まで来てそこで農作物を食べて、食痕（歯形の残った農作物）や足跡などを残したり、農地に糞を残したりするようになる。もっと農地に出るのに馴れてくると、林縁から離れた場所にある農地に大きな被害を与えるようになったり、集落の中心に生えている果樹に上って、果実を食べるようになる。そのころには、自分たちの餌の大半を農作物に頼るようになってしまっている。やがて、森林内を遊動するという生活にはもどらず、一日のほとんどを集落周辺で過ごし、農地に出ては被害を出して、また林内にもどるということを数回繰り返してから、次の集落に移動するという生活をはじめるようになる。

ふつうは、このような手順を踏んで少しずつ農作物に依存してゆくのだが、もともと依存度の高い集団が分裂して、まったく新しい場所に出はじめた場合は、最初から甚大な被害を出すこともまれではない。

（2）人馴れの程度の変化

人馴れの程度も、農作物への依存度と同様、少しずつ進む。最初は、自分たちにとって安全な場所である林縁からほとんど離れず、少し農地に出ては、餌をとって林内に戻るということを繰り返す。そのうち、農地から離れる距離がだんだんと伸びてくるとともに、農地に滞在する時間も長くなり、やがて大挙して農地に現れるというように少しずつ変わってゆく。ただ、人馴れの程度は個体差が大きく、おとなの雄や若い個体は比較的馴れるのが早く、子持ちの母親などは遅いようである。人馴れが進むと、人の子どもや女性を威嚇したり、人家の屋根でリラックスして長時間過ごしたりするようになる。やがて、極端に人馴れが進んだ個体が現れて、咬傷事故に発展することもある。

農作物への依存度が進むと、人馴れも並行して進むことが多いのだが、いつもそうなるとは限らない。人馴れの程度が進行するかどうかは、サルを見たときの人の態度や反応に大きく影響される。いつも追い払いを受けているような集団では、人馴れの進行は遅くなる。

農作物への依存度と同様、もともと人馴れしている集団が分裂した場合は、最初から人馴れが進んでいる場合が少なくない。

5　さまざまな障壁を使って農作物を守る

ここからは、実際に被害を防ぐための対策について説明したい。この本の中では、わたしは被害対策のことを「障壁」と呼んでいる。障壁には「心理的な障壁」と「物理的な障壁」がある。前者は、「農作物に近づきたいけれど、警戒心が強かったり、恐怖感があったりして、農地や集落に入れない」ということだし、後者は「物理的な障壁（たとえばワイヤーメッシュのようなもの）があって、農地や集落に入れない」ということだ。

現在市販されていたり、都道府県や市町村が開発したり設置したりしているものは、ほとんどが物理的な障壁になるが、心理的な障壁の要素が含まれているものも多い。

対策をするときに注意することは「農家の負担をできるだけ増やさない」ことである。野生動物の被害が減ることはよいことだが、そのために農家の負担が増えて、その結果、別のこと（たとえば病害虫の防除）がおろそかになってしまったら、それは本末転倒になる。後半で述べるが、行政主体の被害対策の多くは、農家や区長さん、農会長さんやそのほかの地域の役員さんたちといった特定の人たちの精神的な負担や労力的な負担を増やすものになりがちである。集落単位で対策をするときは、くれぐれも注意が必要な点である。

（1）物理的な障壁＝入るのに手間がかかる農地を作る

物理的な障壁というと、難しく聞こえるが、ステンレス線入りのネット（以下、ネット）やワイヤーメッシュ、金網柵、電気柵のように、野生動物が農地に入れない柵のことを指している。

このうちサルに効果があるのは、農地全体を上まで囲うネットや金網柵か、効果的に張られた電気柵（下部がネットや金網になっていて、上部に電線を織り込んだロープやワイヤーが張られているもの）である。市販されていたり公表されている具体的なものは、巻末に情報をまとめているのでそちらを参照してほしい。

ときどき、「これさえ張れば大丈夫」と安心してしまう人がいるが、物理的な障壁というのは、「農地に入るのを**完全に防ぐ**」ものではなく、「**農地に入るのに時間がかかるようにする**」ものに過ぎない。だから、人馴れの進んでいない群れなら、簡単な柵でも防げるし、人馴れが進んでいる群れには、がっちりした柵が必要になる。柵とは、人が追い払うまでの時間稼ぎのためのものなのだ。その間に、人が見回りにきて、サルを追い払ってしまえば、その柵は十分役割を果たしていることになる。どんな相手に対しても完全に防げる柵とは、入るのに時間が無限にかかる柵（＝入れない柵）ということになる。

サルにとってもっとも安全な場所は、森の中か人家の屋根の上のように、人が近づいてこないところである。そこから離れれば離れるほど、サルは不安になるので、簡単な柵でも被害を防ぐことができる。一方、林縁部に近いところや、集落から離れたところ、あるいは人通りの少ないところにある農地だと、強力な柵が必要になる。

集落全体を金網で囲む柵（**集落防護柵**）を作っているところもある。たしかに、イノシシやシカには効果があるのだが、一度破られると、補修するまで、そこから次々と入られてしまう。もちろん、サルやタヌキ、アライグマなどもその穴を利用する。そうすると、柵の見回りを一定の間隔で、それもそれなりに頻繁にしなければ、十分効果を発揮することができなくなるので、農家の負担は増えることになる。集落防護柵を導入するときは、集落全体で定期的に見回りをする体制が作れるかどうか、特定の人に負担が集中しないかどうかを十分検討することが重要になる。

もし、集落防護柵をサル対策用にするには、防護柵の上にさらに電気柵や電気ネットを、適切な方法で設置する必要がある。具体的には、電気の通っている電線などをサルがしっかり一定時間握るような工夫をするなど、確実に感電するような構造にすることである。市販のものでも、電線の間隔が開きすぎたり、障害物によって漏電したりしていると、効果を十分発揮できなくなる。また、柵の上に木の枝などが張り出していると、サルは簡単に越えて入ってしまう。

集落防護柵を導入するときに注意すべきもう一つの問題は、抜け道をどうやって防ぐかということである。集落が孤立していない限り、集落防護柵というものには、かならず抜け道ができる。集落防護柵の代表的な通り道（抜け道）は、道路、排水路、河川などである。それを全部閉じてしまうことは、特殊な事例をのぞけばできない。この抜け道を防ぐために、さまざまな技術が提案されてきたが、決定的な方法はまだ見つかっていない。ただ、道などにそって防護柵を折り返す方法や、抜け道近くに捕獲檻を置いて、柵沿いにきた個体を捕獲する方法、グレーチングと呼ばれる金網を使う方法などが提案されていて、一部では効果を挙げている。

わたし自身は、サルに限って言えば、金網でできた集落防護柵ではなく、圃場を個別に囲う柵のほうが被害防止効果は高いと考えている。というのは、サルに対して大規模な集落防護柵を効果的に作ることは、かなり困難だからである。よく使われているのは、上部に電線を張った柵だが、地形によっては、電線の間をサルがすりぬけてしまうのを防ぐのがとてもむずかしくなる。残念ながら、大規模になればなるほど、維持管理がたいへんになってしまうのだ。

サルは集団で生活している動物なので、すべての個体が入れない柵でなくても、大半のサルが入れないような柵を、サルがよく出てくる圃場に作るだけで、その圃場や集落の被害は激減する。ある程度効果が持続すれば、そのうちその圃場や集落は見捨てられるようになる。有効な防護柵は、結果としてサルにとって利用可能な餌資源を減らすという点でとても重要な方法なのだ。

(2) 心理的な障壁＝集落や農地が怖いところだと思わせる

ここでは、個々の農地ではなく、集落全体を被害から守る方法について説明しよう。つまり、集落内の果樹の実や畦の雑草なども食べさせないという方法である。

一昔前は、集落には、鎖につながれていない犬がたくさんいた。また、エネルギー革命が起こる前は、人もたくさんいた。そういう時代には、うかうかと集落に現れようものなら、たちまち追い払われてしまった。つまり、集落は野生動物にとって怖いところだったわけである。

いまは、まったく事情が変わってしまった。昼間集落にいる人も、ほとんどいないか、お年寄りばかりだったりする。犬は全部鎖につながれるようになった。そうなると、サルを追い払う人は極端に減ってしまって、サルにとってはあまり怖い場所ではなくなってしまった。

もう一度怖い場所に戻すにはどうすればよいのだろうか。日本各地でさまざまな方法が試みられているが、どこででも有効な方法はなかなかないのが現状である。

どこにでも通用する基本的な方法がもしあるとすれば、それは、「集落の環境を変える」ということである。具体的には、集落全体の見通しをよくして、サルやほかの野生動物が集落に出てきたときに、すぐに追い払いなどの対応ができるようにするということだ。実際に奈良県の山間部で、藪を駆り払い、収穫しない果樹の伐採をして、集落環境をよくしただけで、サルの出没を数年間なくした事例もある。ほんの小さな工夫なのだが、動物の立場に立つと、これも一つの立派な「心理的な障壁」になる。小さな藪が一つあるかないかで、野生動物にとっては、集落の中にはいっていくときの「不安」な要素（＝隠れる場所があるかないか）はずいぶん変わる。

そのほか、農地と林縁との距離を広くしてサルの警戒心を高めて侵入を防ぐなど、効果が期待できそうな方法はいろいろある。農地の近くにイヌを放す（リードがついていればよいのだが、完全に放すには訓練が必要）ことも、法律的には可能になったが、実際に行うには、地域住民の合意形成が必要になる。犬の世話をだれがするのか、餌代はどうするのか、事故が起きたときの対応はどうするのかなど、農業以外に考えなければいけないことがいくつも出てくる。

最後になったが、人が追い払うというのが、もっとも簡単にできる方法である。できれば、電動マシンガン（十八歳未満禁止のもの）などを携帯して、それを見ただけでサルが逃げるようにできれば、見せ掛けのマシンガンだけでも追い払い効果が期待できる。また、イヌを連れて一緒に追い払うのも、効果的である。できれば数人である程度打ち合わせをしながら追い払うほうがよいだろう。

三重県の伊賀市阿波地区では、①自分の農地ではなく集落を守るという意識を持つ、②サルの進入場所に複数の人間が集まる、③集落の中だけでなく、集落の外れまで追い払いを続ける、というようなだれでもできるような簡単なルールを作って、群れを人里から遠ざけることに成功している（鳥獣被害対策優良活動表彰で平成二五年度農林水産大臣賞を受賞）。

行政が「追い払い」というと、役割が固定した「追い払い隊」のようなものを結成して組織的に、というような大掛かりなものになりがちである。追い払いをする場合は、阿波地区のようにあまり組織的なものにせず、できるだけ楽をして、効果が上がるような工夫することが重要である。

6 被害対策をするときの注意点

物理的障壁にしろ、心理的障壁にしろ、使うときにはいくつか条件がある。それは①特殊性、②作業性、③継続性、④経済性の四つの条件である。それぞれについて、簡単に説明しよう。

(1) 特殊性

作るための材料や工具、あるいは使うための知識や技術ができるだけ特殊なものにならないことが、第一の条件である。特定の人しか作れないとか、すぐに手に入らないような材料が必要な技術は、どうしても使える人が限られてしまう。もちろん、それがとても効率的で、使える人がたくさんいれば何も問題はないのだが、集落に数人しか使える人がいないようなものだと、普及もしにくいし、使える人に負担が集中してしまう。

行政は、補助金などが使えるように、高価で効率的なものを導入しようとしがちだし、住民の側も効果が高いものを望みがちだが、原理を理解してだれでも使える簡単な技術のほうが、普及もしやすいし結果的には被害軽減につながる。高齢化が進んでいる地域で、配線が複雑な電気柵を導入しても、プラス・マイナスを区別して漏電を防ぐのは、農家には意外とたいへんな作業になる。実際に現場を回ると、簡単な構造なものでも、効果が低いだろうなぁと思うような張り方をした電気柵は珍しくない。特殊なものはできるだけ避けることが対策を継続的にするカギになる。

(2) 作業性

農作業の邪魔になったり、農家自身が作るときの作業性が悪いものも、避けたほうが無難である。そのような技術は、結局は使われなくなってゆくからだ。たとえば、農地が斜面になっているのに、組み立てるのに脚立が必要な被害防止技術などは、大怪我のもとになる。実際にその技術を使う人の年齢や、農地の立地条件も考えて、技術を選ぶ必要がある。

海外での例では、忌避条件づけという手法を用いて、オオカミに家畜を襲わせないようにするというプロジェクトが行われたことがある。たしかに、実験段階では一定の成果がでたのだが、数年後にアンケートをとったところ、その手法を使っている農家はなかった。手法そのものが有効であっても、手続きがめんどうで、時間がかかるような技術は使われないようになるということを、この事例は証明している。

(3) 継続性

前述したように、いくら効果の高い技術を導入しても、すぐに被害がおさまるとは限らない。農作物への依存度が高いほど、実際には食べられなくても、何度も群れはやってくる。野生動物との戦いは、持久戦である。だから、無理をしないで、自分たちの年齢や農業形態、営農状況や後継者の有無、採算性などよく考えて、ずっと続けられるような技術を選ぶことが重要になる。

(4) 経済性

いま、サルに対する被害対策技術の普及の障害になっているのは、経済性である。サル用の電気柵は、安くてもメートルあたり五〇〇円から一〇〇〇円程度する。それを張る労力も、農薬を撒くよりはるかに面倒な作業だし、積雪地では張りっぱなしだと漏電したりして、維持管理にも手間がかかる。また、さまざまな補助金を利用できるとしても、家庭菜園のような農地は、補助金の対象にはなりにくいのが難点である。

だが、経済性については、工夫次第でいろいろ方法がある。先ほど補助金の対象になりにくいと言ったが、農業被害に対して使える補助金にはさまざまなものがあり、工夫次第ではほとんど経費負担がなくて張れるようなサル用電気柵もできている(詳しくは市町村の担当者に聞いてみてほしい)。

たとえば、兵庫県香美町の高齢化が進んだある集落では、もともとサル被害に対してはあきらめが強くて、被害対策そのものが思うように進まず、猟友会による有害捕獲がおもな対策になっていた。そこで、効果は期待できるものの高額のサル用電気柵を導入したが、維持管理がうまくできず結局挫折した。ところが、その後しばらくして、その地域の担当者が、農家自身が設置する場合には、農家の負担がほとんどないような形で補助金を交付できるように工夫した結果、安価で効果のある電気柵が一部の地域で設置されるようになり、あっというまに町全体に広がりはじめた。その結果、サルは被害対策をしている（電気柵を設置している）集落を避けるようになり、被害が激減した。実際に現場でそれを観察していたわたしたちが拍子抜けするほど、劇的な変化があっという間に起こったのである。

この事例でわかることは、被害対策にかかる経費は、農家にとって対策を進める上で大きな障害になっているということである。たとえ、自分たちだけの力で被害を防ぐ知識や技術が提供されても、経費が障害になって有効な技術が広がらないということは少なくない。言いかえれば、経費の問題さえ解決すれば、たとえ高齢化が進んだ集落であっても、どんどん進める力があるということをこの事例は示している。

繰り返しになるが、被害対策は、日々の農作業の一つとしてやれるような、あまり特殊でなく、作業が安全にできて、継続も容易で、お金があまりかからないものが望ましい。どんな柵でも、いずれは破られるものである。柵を立てたらそれで被害対策が終わるのではなく、柵を立ててから本当の被害対策がはじまる。

7 人と野生動物の生活空間を切り離す

究極の被害防止の方法は「サルやクマが集落近くにいても、農作物被害も、人身事故も発生しない」ために、両者の生活範囲を切り離すということである。だが、現状でそれが可能かといえば、限りなく不可能に近い。というのは、究極の形にするには、「『集落は餌がなくて、危険な場所だ。だから集落には近づかないほうがよい』ということ」を、サルやクマに**学習させること**と、「サルやクマに『集落には餌があるが、危険な場所だから行かないようにしよう』と思わせること」を、集落住民に、**習慣として身につけてもらうこと**の両方が必要だからだ。

極端な場合を考えて見よう。たとえば生活範囲が重なっても、お互いが相手の食物や行動を無視すれば、被害や事故は生じないかもしれない（知床半島のように、人とヒグマが実際にそのような形に近い生活をされている地域もある）。だが、どれほどお互いが注意していても、何かのきっかけで動物が危険性を感じただけで、事故が起こってしまう可能性は否定できない。被害や事故が起きないようにするために、多大な注意努力を払う必要があるのなら、できるだけお互いに無理をしないような形で被害を避ける方法を選ぶべきである。その方法とは、「空間的に生活範囲が重ならないようにする」ということである。いいかえれば、「お互いの生活範囲をできるだけ遠ざける」ということでもある。

これは、人や動物の数がもっと少なくて、お互いが出会うことがほとんどないくらい離れているときには使えた方法である。ちょうど第二次世界大戦直後の、集落周辺の野山にほとんど野生動物がいなかった日本の状態を想像していただくとわかりやすいかもしれない。実際このような状態は、一部の山間部を除けば、一九六〇年代まで続いた。その後、第一章で述べたように、人が里山を利用しなくなる一方で、動物たちの個体数が少しずつ回復することによって、人と野生動物との生活範囲の境界は移動したが、野生動物の生活範囲が集落周辺まで拡大したのは、一九八〇年代だろうと推測されている。というのは、このころから、野生動物による農作物被害が急増しはじめたからである（図8）。

では、もういちど、生活範囲が重ならないようにすることは可能だろうか？先ほど述べたように、それはほとんど不可能だろう。野生動物は、明治時代よりももっと以前には、平野部まで広がって生息していた。それを人間活動の圧力によって、山に追い上げたのが明治時代なのだ。環境さえ整えば、野生動物が里に下りて生活しはじめるのは、潜在的には生息可能な場所に分布を回復しているだけであり、野生動物からすればごく自然なことである。だから、空間的に距離を置いて生活範囲の重なりをなくすには、野生動物を人間の生活範囲から追い出すか、人が彼らの生活範囲から撤退するか、どちらかしか方法がないだろう。

この考え方を応用した方法として、農地周辺の森林を強度に間伐するか皆伐することによって、見通しをよくして、**緩衝帯**をつくるというものがある。滋賀県木之本町では、林縁部にある休耕地に畜産試験場から借りてきた牛やヤギを入れて、雑草を食べてもらうことによってオープンスペース（見通しのよい空間）を作り、イノシシやサルの被害を防ごうという試みを行なったことがある。結果は上々で、耕作放棄地の整備状況や、対策の効果を見に来る人たちで賑わい、一時は隣の農地の被害はピタッと止まった。ただその後、借りてきた牛たちを畜産試験場に返したとたん、再び被害が出るようになった。その後は、ペアの牛を借りてきて子どもを生ませ、その子牛を売った利益を地元に還元するなどの試みを展開していったと聞いている。

この事例では、空間が緩衝帯となっているというより、それを目当てに集まってくる人たちを警戒して野生動物が出てこなくなった可能性が高いのではと指摘されている。そうであっても、オープンスペースを作るというのは、緩衝帯として十分使えるアイデアである。ただ、緩衝帯として確保できる距離が短いと、機能を果たすことは難しくなる。サルに対してだと、見通せる距離が一〇〇メートル以上あって、隣接している林がちゃんと枝打ちがしてあるような植林地や、サルが飛び移れないほど木と木の間の距離がある林なら効果があるかもしれない。

8 人が撤退すれば被害はなくなるのか？

さきほど、「人が野生動物の生活範囲から撤退すれば被害がなくなる」と書いたが、これには条件がある。というのは、「緩衝帯のない状態のままで」撤退したとしても、おそらくしばらくは、野生動物の生息範囲は拡大し続けるだろうと推測されるからである。

サルは森林がなくても建物があれば、安全を確保できるし、シカやイノシシもその気になれば、かなりのスピードで走ることができる。ツキノワグマも恐怖感や警戒心がなくなれば、おそらくどんどん市街地に入ってくるだろう（すでにその兆候は、いくつかの地域で現れている）。結局、人と野生動物との関係を再構築しない限り、被害発生を完全に止めることはできない。その有効な方法の一つが「**緩衝帯を作り人と野生動物の生活空間を切り離すこと**」なのだが、それには人の**不断の努力**が必要となる。つねに野生動物と対峙する姿勢を保ち続けることが、被害をなくす基本的な方針である。

コラム *column*

群れ生活をするサルの特性を利用する

サルはハナレザルを除けば、集団で生活している。いわば大家族である。人の大家族では、ご飯が食べられない人がいると大問題になる。だから、多少ひもじくても、みんなで食物を分け合って食べる。

ところがサルは、いくら大家族になっても、みんなで食物を分け合って食べるということはしない。集落で被害対策がはじまると、その対策を克服して食べられるサルと、克服できないで食べられないサルが、一つの群れの中に混在することになる。

このようなサルの特性を利用した成功例を、ここで二つ紹介したい。一つめは、前述した兵庫県香美町の例である。その集落では規模の小さい圃場が多く、あまり被害対策をする人がいなかったので、農作物を食べられるサルのほうが多く、その結果群れはいつもその集落で被害を出していた。ところが、町の支援を受けて被害対策をする農家が増えると、食べられないサルのほうが多くなってきて、状況が一変した。被害対策を克服できる少数派は、その集落に行き続けようとするが、大多数のサルが食べられない集落は、やがてその群れから見放されて、サルの通り道から外れてしまったのだ。被害対策が面的に広がると、多少食べられる場所が残っていても、サルの集団はその集落を餌場とみなさなくなってしまったのである。

もう一つの例は、三重県名張市のぶどう園の例である。ぶどう園のほとんどは観光農園で、全部で二〇軒ほどあり、そのうちの一軒がいつも被害にあっていた。ぶどうは品種を変えて長く収穫できる果実の一つだが、サルの群れはぶどう園に来たついでに、その集落の農地を荒らすので、ぶどう園の人はもちろん、集落住民はたいへん困っていた。そこで、ぶどう園にサルが入れない柵を立てることにしたところ、結果は上々で、ぶどう園に来るのをやめただけでなく、ぶどう園のある集落の被害もまったくなくなった。これも、群れの多くが食べられなくなるとその場所に行かなくなるという、サルの特性をうまく利用した成功例といえる。

第4章 被害対策はだれがするのか
——農家主体の被害対策

「被害対策はだれがするのか」という問いは、ずっと行政を悩ませてきた問題である。野生鳥獣は、法的には無主物であり、その行為はだれの責任でもないともいえる。その一方で、一九九五年に日本ではじめて策定された生物多様性国家戦略で「野生動物は国民全体の共有財産であり、将来にわたってその恵みを享受すべき対象」と宣言している以上、その管理責任は国や都道府県などの行政にあるともいえる。実際には、日本においては野生動物の保全と管理は都道府県が主体となって行なっている。では、被害対策はどうなのだろう。この章では、「行政」と、「農家」のどちらかが被害対策の主体となるべきなのかを検討する。

1 農家は「被害者」であると同時に「当事者」でもある

これまでさまざまな研究者がいろいろな場所でアンケートを取っているが、被害対策がうまくいっていない地域ほど、「被害対策をするのは行政」という答えが多くみられる傾向がある。わたし自身は、**「被害対策は、農家自身がする」**のがもっとも被害軽減に効果的だと考えている。

以前は、集落での勉強会や研修会でこのように話したら、「野生鳥獣の管理責任は行政にあるのではないか！」「行政の失敗を、わしらに押しつけるのか！」とお叱りをうけることも少なくなかった。たしかに、「行政の失敗」という面は少なくないのだが、それでも農家は「被害者」であるだけでなく、被害対策の「当事者」でもあってほしいと思っている。それは、被害発生の対象である農作物や集落の果樹の管理をしているのは、行政ではなく農家であり、適切な被害対策ができるのは、農家しかいないと思うからである。

自分たちでやる気のある集落とそうでない集落では、勉強会や研修会をやっても、反応が天と地ほど違う。自分たちがしっかりやって被害を防ぎたいと考えているか、被害問題は行政に責任があるんだから、彼らに任せておけばよいと考えているか、話を聞いている人の反応がまったく違うのである。この反応の違いは、農家に責任があるのではなく、むしろそう思わせてきた行政に大きな責任がある。

それが、一部では行政不信を生み出し、野生動物の被害問題をより複雑で深刻なものにしている。言い換えれば、本来農家がするべきことを、できもしない行政が効果の低い不適切なやり方でやろうとしてきたことが、農家の「やる気」を失わせてきたといっても過言ではない。

病虫害が発生したときに、ベテランの農家のほとんどは自分で原因を判断し、対処するだろう。もしそれが、珍しい病気だったり、外来種だったりして、自分だけでは対応できないときに、はじめて行政の試験研究機関に対応依頼を出すと聞いたことがある。サルやイノシシ、シカなどによる農作物被害に有効な対応策は、費用や労力のことを棚上げすれば、かなりメニューが豊富になってきている。とくに最近は、捕獲技術や追い払いの技術、あるいは電気柵の開発も格段に進んできており、その結果、現実にサルなどの野生動物による被害を確実に軽減できる技術体系が整いつつある。もちろん、今後も新たな技術が開発されることも期待されている。

残された大きな問題は、被害対策をだれがどのようにやるのかということである。たしかに、第三章で書いたように、病虫害に比べれば、イノシシやシカ、サルに対する被害対策費用は桁が違うほどかかる。防護柵などの維持管理にかかる費用や労力も馬鹿にならない。だが、その問題を何とか乗り越えれば、ちゃんと解決できるだけのメニューは目の前にもう十分にある。

農地では農家が経営主体である。土つくりから収穫まで、いつ、何を、どうするかを決めるのは、個々の農家であり、行政ではない。第六章で述べるが、行政にはできることとできないことがある。

行政がいくらやる気があっても、日々の農作業を手伝ったり、農家のかわりに見張り番をし続けることには無理がある。まったくやる気のない行政なら、なおさら頼りにならないし、やる気があってもどんどん公務員が削減されている状況で、対応するにも限度がある。結局、いざという時に頼れるのは自分と自分の住んでいる集落の住民だけなのだ。

外部からボランティアに来てもらってとか、行政に専任の担当者を作って、被害対策をさせればいいじゃないか、という声もある。実際に、そういうアイデアを形にして、被害対策を推進している地域もある。だが、ボランティアや専任担当者の育成は、時間と手間のかかるたいへんな仕事である。まったく予備知識のない人たちを取りまとめて、さまざまな仕事をやってもらうことのたいへんさは、災害地域でのボランティア活動を経験した人ならわかるだろう。同じような活動を全国的に広めることが可能かといえば、人材も予算も足りないだろう。

被害対策の専任担当者の育成も、農林水産省や環境省の研修や大学のプログラムなどで行なわれているが、本当に現場で役に立つ人材が育っているのかといえば、必ずしも十分ではないだろう。なぜかといえば、教えている講師たちが、被害現場の実情を知らなかったり、たとえ知っていても、数日間という期間の限られた研修で伝えられることは限られているからである。もっと問題なのは、せっかく専門的な知識や技術を習得しても、その人材が都道府県や市町村の適所に配属されるかどうかは別問題であり、たとえ配属されたとしても短期間でその部局から異動してしまう可能性があるからである。

では、専門的な知識や技術を持っている国立の研究機関や大学などの研究者は、どうだろうか。彼らは、もともと自分の仕事（研究活動や教育活動）を持っている人がほとんどであり、熱心に被害対策に打ち込んでいる研究者でも、現場に足繁く通って、細かく指導できる人はほとんどいない。また、残念ながら、動物の「専門家」の中には、農家以上に豊富な農業の知識をもっている人はまったくいない。

結局、自分の農地を守れるのは、自分しかいないのだ。言いかえれば、それぞれの農地や集落にあった効果的な被害対策を考えられるのは、農家や集落住民だけだということになる。

2　農業のいちばんの目的は何か

農業のいちばんの目的は何か。それはいうまでもなく、農作物の「収穫」である。丹精こめて作った農作物を都会に出ている子どもや孫たちに食べさせたいとか、直売所で販売して現金収入を得るとか、農作業の合間の休息時に交わす会話とか、いろいろな目的はあるだろうが、そのもとになるのは、農作物を収穫するという営みそのものではないだろうか。そのために、炎天下に畦の草刈りをしたり、植え付けをしたりして苦労しているわけである。もしそうだとしたら、被害対策も、自分たちでできると考えてほしい。

もうすでに、多くの苦労をされてきて、あきらめている方もいるかもしれない。何もしない行政に不信感を抱いている方もいるかもしれない。中途半端な口出しをする研究者に振り回された方もいることだろう。でも、このまま農家自身が何もしなければ、被害問題はこの先もずっと続くだろう。

野生動物の被害対策は、基本的には病虫害の対策となんら変わらない。主体はあくまで農家であって、自分たちのスケジュールややり方で、被害を防ぐ方法を考え、被害対策のための情報を集める、あるいは専門家にチェックを受ける、などの仕組みができれば、被害は大幅に軽減できるはずである。

二〇年前に比べれば、知識も技術も大幅に進歩した。情報も、その気になればたくさん集まるので、その中から自分たちができる方法を取捨選択することができる。次章で述べるように、地元の行政を最大限利用し尽くせば、まだまだ被害対策のオプションは引き出せるはずである。都道府県の担当者が不勉強なら、環境省の鳥獣保護管理プランナーや農林水産省の農作物野生鳥獣被害対策アドバイザーなどに、聞いてみる方法もある（巻末の参考HP参照）。あとは、農家が自主的に被害対策に取り組むかどうかにかかっているといっても過言ではない。

3　被害対策を地域振興に利用する

被害対策をして、被害を軽減できたとしても、結局時間と労力を使って、マイナスだった収量をゼロにもどすだけだ、という声もある。たしかに、それをすることによって、余分な収益を得られる作業にできれば、それに越したことはないかもしれない。ただ、被害を軽減するために対策をすることは、病虫害対策でも同じことである。予定を上回る収量を得られるかどうかは、その年の気候やそのほかの要因で決まるが、病虫害対策をしたら予定以上の収量が得られるわけではない。まずは、マイナスをゼロにもどす。これが第一歩である。

前述したように、戦後の農業は、野生動物による被害を経験しないまま、技術開発や品種改良などをおこなってきた。それがいまは、集落のすぐそばに野生動物が生息している状況になってしまった。とすれば、いまやらなければいけないことは、「**野生動物がいる**」**ということや、野生動物に対する被害対策を前提として、農業をする**ことである。もし、被害対策がうまくいけば、いままで野生動物による被害のためにあきらめていた農作物をもう一度作付けしたり、新しい作物の栽培に着手するきっかけになるだろう。

奈良県十津川村のある集落の人たちは、かなり高齢だったが、集落環境整備と、廃棄果樹園の伐採をしたら、サルの被害がなくなった。その結果、あきらめていた品種の栽培、果樹の剪定手法講習会の開催など、次々と新しい試みに意欲的に取り組みはじめた。島根県邑智町でも、婦人会を中心とした活動が次々と広がって実を結んでいる。これらの事例は、農家の人たちが自分たちで鳥獣被害を防ぐことができるという自信を得られたからうまくいった例である。

過疎化や高齢化が進む集落に活気を取り戻す契機として、あるいは低下した集落機能を回復する手段として、獣害対策を使える地域もあるかもしれない。実際に兵庫県の篠山市では、野生動物の被害を契機とした地域振興に取り組んでいるＮＰＯ法人（さともん―特定非営利活動法人里地里山問題研究所：第一〇章参照）がある。農家と都市住民が情報交換やイベント、あるいは農業体験を通じて交流し、つながってゆくことで、後継者不足や過疎化の解消、地域の活性化を目指している。

4　農家の多様な背景とニーズ

これまで、地域によってはうまくいっている被害対策があることを紹介してきた。ただ、全国的にみれば、被害対策がうまくいっていない地域のほうが圧倒的に多い。なぜ面的に広がってゆかないのか。それには、さまざまな要因が関係しているが、いちばん大きな課題は、地域によって、あるいは農家によって、農業を経営している背景や、農業に求めているニーズがさまざまだからである。いいかえれば、農家一人ひとりを単位として考えると、被害を防ぐためにやるべきことが、それぞれの事情で変わってしまうからなのだ。極端なケースでは、（一時的には）何もしないことがお金や労力を考えれば最適な方法になる場合もないわけではない。**そういった多様な背景やニーズにどう対応するのか、画一的な答えでは解決できないからこそ、農家が被害対策の「当事者」になる必要があるのだ。**

「野生動物がいる」ということを前提とした農業をしろといわれても、すぐに最適な対策が見つかるわけではない。多くの農家では、まずは効果のありそうなことを小規模でやってみて、少しずつお金や労力がかからない、持続可能な方法を模索しているだろう。だが、この段階でうまくいく方法が見つからないと、被害対策をあきらめてしまったり、行政依存から行政不信へと傾いていく可能性が高い。

被害対策を推進してゆくうえで一番大切なことは、**確実に効果が期待できる方法で、小規模でもよいからとりあえず被害を減らす**ことである。「自分たちの努力によって被害軽減ができる」という自信をつけることが、その後、被害対策を継続してやり続けるために不可欠のことなのだ。そのあと、どうすれば省力化やコストの削減が図れるかを考えてゆく。そんな感じで進めてゆけば、比較的低コストで被害軽減を図る方法が見つかるはずである。

病虫害対策に比べれば、まだまだ提示できるオプションが限られているし、人材的・経済的コストも大きくなりがちである。また、いまのところどのような状況で、何が有効なのかを検証した事例はとても少なく、断片的な情報を寄せ集めて試しながら対策を進めている段階である。それでも、状況把握などをせず画一的に行なわれる被害対策よりは、状況に合わせて柔軟な対応をめざすほうが、問題の解決につながる可能性は高い。必要なのは、対策を実施した後も、つねに農家からのフィードバックを受けてアドバイスをする側が改良を重ねることである。それが、その地域に、あるいはその農家にとって適切な被害防止対策の選択につながる。

被害対策を地域全体で実践してゆくときに役に立つ仕組みの一つが、滋賀県などで取り組んでいるような**集落リーダー**の育成である。滋賀県は、長期的なビジョンに立って、**地域に根ざした知識と技術をもった農家**自身を、被害対策の専門家として育成するという事業を進めてきた。これなら、集落を構成している人たちの顔が見える人が中心になるので、地域の実情にあった被害対策を提案したり、多様なオプションから地域のニーズに合った適切な選択をするなど、こまやかなアドバイスが期待できる。このような取り組みでほんとうに被害が軽減してゆくのかは、これからまだまだ検証が必要だが、農家中心の被害対策を進めてゆくための有望な方法の一つである。

5　被害対策の意思決定者は農家

繰り返しになるが、農業において、いつ、何を、どうするかということを決定する**意思決定者**は、**農家**である。ということは、農業をうまくやっていくための支障となっている野生動物被害を防ぐのも、**農家の役割**である。

それでは、行政や被害対策の専門家の役割は何だろうか？それは、**技術面や経済面・人材面で支援する**ことである（滋賀県における集落リーダーの育成事業もその一つである）。行政が自分たちだけで考えて被害対策ができると思うのは、錯覚でしかない。行政がするべきことは、**農家自身が行なう被害対策を全力で支援する**ことであり、維持管理に多大な人材的・経済的コストのかかる事業、あるいは農家の負担にしかならない事業を勝手に考えて、農家に押しつけることではない。

農家は、一人ずつ自分たちのやり方で、農業経営をしている。それを無視して画一的な被害対策事業を推進しても、うまくゆくわけはない。農家は、まず被害防止の基本的な考え方を理解して、その上で必要な情報を集めて、必要な支援を行政から受けて、それを使って自分たちの考える農業経営を進めてほしい。

6 「集落ぐるみ」の本当の意味

野生動物の被害対策でことさら強調されるのが「集落ぐるみ」や「集落全体で取り組む」という言葉である。たしかに、被害対策には、集落全体を囲む防護柵の設営や、集落住民がまとまって実施する追い払いなど、集落住民全体の合意形成がないとできないこともある。だが、「集落ぐるみ」の本当の意味は、集落全体で一つのことに取り組むということではない。

すでに述べたように、農業は農家一人ひとりが意思決定をして行なう営みである。集落営農のように、組合をつくって大型の農業機械を導入して効率化を図るというのも一つの方法だが、組合に入るかどうかとか、いつ稲の刈り取りをするかとか、細かい農作業の日程や手順は、農家それぞれの知恵と工夫と経験がものをいう世界である。もしそうなら、被害対策においても、もっと農家それぞれの意見が十分反映されるようなものが、結果的には被害軽減に結びつくはずである。

もし、「集落ぐるみ」ということがあるとするなら、それは、「『各々が自分でできる範囲で被害対策をする』という意識を持つ」ということである。みんなで「被害対策をする」と決めたにもかかわらず、被害対策がうまくいかなかったとき「もっとうまくやらないといけないのではないか」と思うのがふつうだろう。そのときに、自分たちにノウハウがないのであれば、行政なり専門家なりに意見を求めたり、勉強会を開いたりして、各自が少しずつ基本的な考え方や技術を身につける機会を作れば、自ずからまとまりが生まれてくる。それが、「集落ぐるみ」の本当の意味である。

行政が「集落ぐるみ」というと、すぐリーダーや中心的な役割を果たす人が必要という話になりがちだが、そうすると、中心にいない人はかえって置いてきぼりにされてしまう。もちろん、身近に専門的な知識をもった人がいるほうが、集落全体の底上げにつながるだけでなく、被害が発生したときにすぐに対応できるなどのよい面もたくさんある。被害対策で重要なことは、被害発生を放置しないですぐに対応することだから、集落ごとにリーダーがいると問題解決が早くなる（前述した滋賀県の例など）。

重要なことは、一人ひとりが「当事者意識」をもって被害対策に取り組むことである。そうすれば、できない人はできない人なりに被害対策をするようになったり、足りないところをほかの人がカバーすることが自然とできるようになってくるはずである。

みんなの意識がまとまりはじめたら、今度はそれぞれの得意技を磨く番である。といっても、そんなにむずかしいことではない。日ごろから外で日向ぼっこをしているおばあさんがいれば、サルがでたときに、みんなに知らせるための打ち上げ花火を打ってもらうとか、軒下に干してあるタマネギを食べられないように、防風ネットを筒状に張った竹かごを作るとか、いろいろなアイデアが出るかもしれない。

大切なことは、無理をせず継続的にできることを、それぞれの農家ができるだけするということである。特殊な技能や技術、機械が要る対策や、高齢者にはむずかしい作業が必要な対策は、集落住民の間に格差を生みやすくなる。いくら効果が高くても、維持するのがむずかしい技術は導入すべきではない。特定の人に負担が集中するような技術も、できるだけ避けたほうがよいだろう。みんなが気持ちよく、毎日の農作業の中でできる範囲の被害対策をすること。これが集落ぐるみの本質である。

7 追い払いはうまくゆくか？

よくテレビのニュースなどで取り上げられるのは、集落ぐるみの追い払いや追い払い犬の話である。実際にうまくいっているケースもあるようだが、多くの地域では数年間で中止ということが多いようだ。行政が主体でアイデアを出して、住民がそれに同意して協力しても、なかなか長続きしないことが多いのは、どこかで何か無理をしているからだろう。何か特別な枠組みを作って、それを継続的に動かしてゆくことには、かなり努力が必要になる。

たとえば、追い払い犬を導入する場合、①調教師に来てもらって、集落でイヌと飼い主が教習を受けるタイプ、②調教師に一定期間預けて、イヌの追い払いを仕込んでもらうタイプ、③調教師がつきそって、イヌと一緒にサルを山に追い上げるタイプなどがある。どれも一長一短があるのだが、①や③の例が、比較的うまくゆくようである。ただ、サルの性質から考えると、いったん執着した食べ物や土地から離れるには、かなりの労力がかかることが予想される。また、しばらくはうまくいっても、集落から離れた場所に定着させる技術が開発されていないために、また里近くに下りてくることなど、いくつか問題点も指摘されいる。結局のところ、追い払い犬では、集落から「追い払う」ことには成功しても、山奥に「追い上げ」て定着させることには、どこも成功していないのが現実である。

8 農作業の中に野生動物の被害対策を

繰り返しになるが、「集落ぐるみ」というのは、「集落のみんなが毎日できる（やっている）」ということである。日々の農作業の中で、病虫害対策をやるのと同じレベルで野生動物に対する被害対策をするのが理想的な被害対策だとわたしは思う。たしかに、お金も労力も最初はかかるかもしれない。だが、考え方や技術が浸透すれば、被害はまちがいなく減ってくる。さまざまな技術はすでに揃っている。あとは、農家が当事者意識をもつかどうか、それにかかっている。

毎日の農作業をもういちど見直すことが第一歩である。キャベツや白菜などの収穫残渣の処理はちゃんとしたか、刈り取り後の水田の秋耕はしたか（ひこばえの発生抑制）、果樹は食べるぶんだけ収穫して残った果実は廃棄するなどの処理をしたか、ネットや金網の見回りはちゃんとしたか、など、たしかにどれも、もうひと手間かかるけれど、できる範囲で継続してやることが重要である。お互いにちゃんとできているか、確認しあうことも意識を高めるよい方法になる。

あとひと手間かけるのがたいへんなら、思い切って管理する面積を少し小さくすることも検討する。果樹を収穫しないのなら、早い目に全部摘果してしまって、サルやクマの餌にならないようにする。数え上げればきりがないが、それをいちばんよくわかっていて、能率的に作業を順序よく組み立ててゆくことができるのは、農家自身である。そして、それを地域全体の意識として共有して、できるだけ時間と労力をかけずに日々の作業だけで被害を防ぐ、それこそが、集落ぐるみの被害対策である。

コラム *column* 集落防護柵の功罪

集落ぐるみの対策として、行政がもっとも導入したがるのが、集落防護柵である。一定の効果があることから、イノシシの農作物被害が問題になったころから全国に導入されはじめ、シカやニホンザルの被害対策としても設置されるようになった。

　集落防護柵の長所は、なんといっても設置場所や維持管理が適切なら、シカ、イノシシの被害を完璧に防げることである。そのほかにも、集落全体を囲むので、個々の圃場を囲む必要がなくなる、多くの場合、補助金が都道府県と市町村から出るため、自己負担額が小さい、「行政が被害対策に取り組んでいる」ということが、集落住民にとってわかりやすく、議会答弁等でもアピールしやすい、設置や維持管理が不適切でも一時的に被害が軽減することが多い、などがあげられるだろう。

　一方、短所としては、設置だけでなく維持管理に労力と経費がかかる、設置するだけで一〇〇パーセント被害が防げると集落住民が錯覚してしまう、維持管理を怠ると被害防止効果がほとんどなくなる、サルには効果がない、といったものがある。**何より問題なのは、集落内を道路や川が横切っていると、何らかの方法で対処しなければ、自由に野生動物が出入りするということである。**その意味で、集落防護柵に効果を発揮させるには、さまざまな条件をよく理解して、設置場所や維持管理の体制を整備することが不可欠である。

第5章　行政による野生動物管理
——現状と課題

第４章では「被害対策における意思決定者は、行政ではなく農家である」「被害対策は農家自身が主体的に行なうことがもっとも効果的でかつ有効である」と説明した。では、野生動物の保全と管理にかかわる行政の役割と、現時点での課題とは何か。それが、この章のテーマである。

1　科学的なデータにもとづく野生動物管理

ある施策を実行してその結果を評価し、次の計画に反映させてゆく方法は順応的管理（アダプティブ・マネジメント）と呼ばれている。野生動物管理の歴史の長い欧米においては、野生動物の管理は基本的にこの方法で行なわれている。それは、野生動物の管理は、**不確実性**と**非定常性**を伴うからである。たとえば、いまこの時点で、ある種の野生動物が何頭いるのかを把握することは、容易ではない。そこでさまざまな方法を使って生息状況や個体数を推定し、その推定にもとづいて、ある施策を実施し、その結果と想定していた結果がどれほど違うのかを検討して、次の計画を策定する。

前述したように、野生鳥獣は法的には無主物であり、その行為はだれの責任でもないともいえる。その一方で、「野生動物は国民全体の共有財産であり、将来にわたってその恵みを享受すべき対象」である以上、その管理責任は国や都道府県などの行政にあるともいえる。実際には、日本においては野生動物の保全と管理は都道府県が主体となって行なっている。

野生動物管理の目的は被害対策だけではない。日本の鳥獣行政において、最優先課題は何かといえば、野生動物の「個体群の安定的な存続」と「人身事故の回避」「農林業被害の軽減」になる。これらの課題を円滑に解決するための三つの柱が「個体数管理」「生息地管理」と「被害管理」である。このうち、現状で行政がもっとも取り組みやすいのが、「個体数管理」、つまり狩猟と個体数調整によって、「個体群の安定的な存続」を図りつつ「人身事故を回避」し、「農林業被害を軽減」するというものだ。

この本では、これまでずっと被害対策の説明をしてきたが、生物多様性を保全し、その恵みを享受するためには、日本にもともと生息していたさまざまな野生動物の個体数が急減したり絶滅したりすることも、できるだけ避けなければいけない。なお、ここでいう生物多様性とは、ある地域に生息している生物がどれだけ多様であるかということで、遺伝的な多様性（遺伝的変異）、種の多様性（種数）、群集の多様性（種構成の多様性）、生態系や景観の多様性など、いくつかのレベルに分けられるが、一般的には、種の多様性を指すことが多い。そのためには日本に生息するさまざまな動植物の現状をつねにモニタリングして、「個体群の安定的な存続を図る」ことが必要になる。

昆虫や植物などでは、さまざまな分類群の在野の研究者が、それぞれの分野でこのようなモニタリングに協力している。環境省が行っている日本全国レベルの調査だけでなく、都道府県レベルでの生息状況や絶滅の危険性についても、膨大な情報を集積している。そのような努力があって、はじめてさまざまな種の現状が把握できるのである。

では、野生動物、とくに農林業被害を起こしている、シカやイノシシについてはどうだろうか。都道府県によって、方針も方法もさまざまだが、残念ながら、体系的な方法を用いて、長期的なモニタリングをしている都道府県は、数えるほどしかない。モニタリングができていないということは、何頭いるかがわからないだけでなく、増えているか減っているかもわからないということであり、何頭捕ればどれくらい被害が減るかということもわからないということになる。これでは、科学的なデータにもとづく野生動物管理はできない。でも、これが現実なのだ。

国や多くの都道府県では、毎年個体数調査は行なわれていない。毎年比較的信頼性の高い方法を使おうとすると、かなりの予算と労力が必要になるために、継続的にデータを得ることが難しいからである。その結果、数年に一回という単発的な調査で、個体数を推定して被害対策などの事業を実施せざるを得なくなる。残念なことに、多くの自治体では、農林業被害対策に与えられる予算に比べて、野生鳥獣の基本的なデータ収集に与えられる予算は驚くほど少なく、現状を継続的に把握することすら困難な状況が続いている。

2 都道府県レベルのモニタリング体制の確立

兵庫県や北海道などの先進的な県では、この問題に早くから取り組み、データの蓄積に努めてきた。キーポイントは、**人材的コストや経済的コストが比較的少ない、長期的かつ広域的モニタリング体制**の設計と手法の確立である。単発で数年に一回精度の高い調査をするより、精度は低くても毎年同じ方法で広域的な情報を収集することによって、全体の状況と傾向（トレンド）を把握し、今後の動向を予測をするという方法である。

兵庫県では、「農会アンケート」という方法を使って、県全域に生息する代表的な野生動物の生息状況と被害状況の推移をモニタリングしてきた。これは、県下の全集落に毎年ほぼ同じ様式（フォーマット）で生息状況と被害状況を問い合わせるという方法で、いまではほかの都道府県でも採用されはじめている。

最近になって、シカやイノシシでは、ベイズ推定という方法を用いて、より正確な個体数の推定を試みることができるようになり、ほかの都道府県でも同様の推定を行なうところがでてきた。使われるデータの精度は低くても、長期的に同じ方法でデータを収集することで、誤差の範囲も含んで推定することが可能になる。これによって、毎年どのくらい増えるかがわかり、それを上回る捕獲数を目標にすることができるようになったのである。

サルについては、ある程度の経験があれば、昼間にカウントができて、群れの個体数が比較的正確に把握できるという特性を利用して、全個体を目視で（目で見て）カウントするという方法が一般的である。都府県内全域でカウントを実施するのは無理でも、複数の群れの個体数と個体構成（雄・雌・子どもの比率）を把握する調査を実施するとともに、都府県全体の大まかな群れ数をアンケート調査や聞き取り調査で把握できれば、都府県全体の個体数をある程度の幅で推定できる。また、ある民間の会社では、数年前から集落住民の協力を得て、サルの集落への出没記録をもとに群れ数や個体数を推定するという方法を開発して成果を挙げている。

なお、兵庫県では農会アンケートとは別に、シカでは糞塊密度調査、ツキノワグマでは堅果類の豊凶調査、サルではカウント調査などを並行して行ない、できるだけ生息状況や個体数推定などの精度を上げる努力をしている。

3 都道府県および国レベルでの部局横断的協力体制の構築

よくマスコミなどにも出てくるので、いまさら言うことではないのだが、公務員の組織は徹底的な縦割りで構成されている。極端にいうと、隣の列の机に座っている人たちの仕事は何も知らないで仕事をしているということもある。市町村レベルになると、多様な職務を一人でこなすことも多くなるが、組織が大きければ大きいほど、その部局の所管範囲（役割）と個々人の主たる業務が明確化されている。言いかえれば、協力すればもっと効率よく仕事ができるのに、といった発想は、まったくないか、あっても、実際にはなかなか実現しない。

多くの都道府県では、鳥獣行政は、数人で担当している。その中でも、補助金などで行なう事業を実施する担当、鳥獣行政にかかわる許可権限を扱う担当など、細かく分かれており、お互いの仕事はある程度理解しているが、全体を把握しているのは、その上にいる係長（課長補佐クラス）だけということが少なくない。それぞれの係長は、となりの係の数人の担当の仕事をある程度把握しているが、連携を模索したり、相手の仕事に口を出すことはまずない。同じ課内でこうなのだから、課を超えた人たちが協力して問題解決にあたるということを期待するほうが無理というものである。

だが、実際に野生動物管理を行なうにあたっては、関連する多様な部局間の情報交換や協力が必要な場面がたびたび現れる。たとえば、野生動物による生息数や被害に関連する部局（国では環境省と農林水産省、以下同様）のほかに、森林や国立公園などを所管する部局（環境省と林野庁）、狩猟などの捕獲行為にかかわる部局（農林水産省と警察庁）、野生動物の利活用にかかわる公衆衛生に関する部局（厚生労働省）、さらに河川改修や圃場整備などの公共事業などにかかわる部局（国土交通省）、そして農業関係の試験研究機関や農業普及所などを含む農業関連部局（農林水産省）が、すぐに思い浮かぶだろう。いずれも、野生動物の生息地管理や個体数調整に深く関与するところだからである。とくに森林関係の部局とは、今後、野生動物をどのように管理してゆくのか、という点でさまざまな議論が行われるべきだし、農業関係部局は、被害を被っている農家と密接な関係にある存在だから、鳥獣行政部局と連携して事業を行なうべきなのだが、現状ではそのようにはまったくなっていないと言わざるをえない。その結果、第一選択肢として選ばれるのが、予算がつけやすく、内容がわかりやすく、鳥獣行政部局が担当している**捕獲**と**集落防護柵**といった、ハード面の被害対策だけということになる。

さらに近年は、シカの急増による下層植生の劣化と高木層の更新阻害によって、土壌流亡の発生の可能性が高くなってきている（参考文献参照）。このような災害を管理するのは、環境省ではなく、農林水産省や国土交通省である。また、シカやイノシシによる交通事故や列車事故の多発は、国土交通省の問題だが、その死体をツキノワグマが食べることによる肉食への嗜好の変化などは、警察の管轄となる人身事故の可能性へとつながる。いうなれば、緊急医療現場における総合的な対応が、国レベルで要求される時期にきているのである。事態がこれ以上悪化しないうちに、この**複合的問題に対する認識の共有と役割分担の整理など、部局横断的対応**をはじめることが強く求められている。

4　どのような人材が必要か

いま都道府県が最優先にすべきことは、二種類の人材の確保である。一つは、長期的な視点で都道府県の野生動物管理を設計する**プランナー**、もう一つは被害地域において集落住民が主体的にかかわる被害防止計画の立案と実施を支援するための振興局単位の**広域的コーディネーター**である（念のために付け加えるが、ここで述べているプランナーやコーディネーターは、環境省が選定している野生動物管理プランナーやコーディネーターとは、まったく無関係である）。ここでは、野生動物管理にかかわるプランナーについて説明する。

プランナーの役割は、都道府県に生息している各獣種の全個体群の生息状況および被害状況をみて、野生動物の研究者や被害対策の専門家の意見を聞きながら、どの地域にどのような施策を展開してゆくのかを長期的な視点で設計することである。プランナーには、つねに必要な情報を収集して現状を分析し、**関係部局と連携して有効な事業を立案し実施する**という能力が必要になる。口で言うのは簡単だが、いままでこのようなことを、十分なデータに基づいてやった都道府県はほとんどない。前述したような行政の役割を十全に果たすためには、専門知識と経験の豊富なプランナーが不可欠である。各都道府県にプランナーたちがいるようになれば、近隣府県と連携を取りながら、広域的な管理体制を作ることができるようになり、ツキノワグマなど広域にわたって移動する野生動物の保全と管理にも対応することができるようになる。

もし本気で科学的なデータにもとづく野生動物管理を実施したいのなら、**都道府県は積極的に別枠で、専門職として、プランナーを採用するような制度を作るべき**である。財政難の折、人員を増やすことはありえないといわれそうだが、もし実現すれば、野生動物問題は解決に向かうはずである。

コラム
column

被害管理と被害防除

前述したとおり、野生動物管理は「個体数管理」「生息地管理」「被害管理」の三つの柱で構成されている。「個体数管理」「生息地管理」については、ほとんどの研究者が同意すると思うが、残念ながら「被害管理」については、「被害防除」という用語を使い続けている研究者も多く、環境省や農林水産省も使い続けている。

「被害防除」という用語は、その内容を被害対策の手法や技術に限定しており、とくに技術面を重視したものとなっている。農林水産省による「被害防除」の定義とは、「農林漁業や人身に対する被害発生の原因やプロセスを解明し、様々な被害防除技術を用いて被害の軽減を図る手法」となっている。ちなみに室山（二〇〇三）による「被害管理」の定義では、「野生動物による被害発生の原因やプロセスを解明し、野生動物と人間の行動と環境を管理して被害を軽減するための理論・方法・技術・システム」となっている。

その一方で、農林水産省などが公表している資料を見ると、「個体数管理」や「生息地管理」に被害軽減の技術や手法が含まれていたりするので、現場は混乱するだけではないかと思う。

わたし自身は、被害問題というのは、人（行政組織も含む）・動物・環境という三つを対象とした、多面的総合的なアプローチで解決すべき問題であり、手法や技術だけでなく、理論などを含んだ幅広い「被害管理」という用語がふさわしいと思っている。

また、野生動物管理とは、被害軽減にのみ特化するものではなく、本来野生動物の資源管理として行われるべきことであり、そのための「個体数管理」「生息地管理」を環境省や農林水産省は展開すべきだと思う。みなさんの意見はどうだろうか？

ちなみに、人と野生動物との軋轢の解消を目的とするものとしては、軋轢管理（conflict management）という用語があり、クマなどの危険動物との遭遇などを管理するという意味では、リスク管理（risk management）という用語が使われることもある。

第6章……行政による被害管理
——行政内部の課題

おおまかな生息状況と被害状況が把握できたら、次に行政がすることは**被害管理（被害対策）**になる。ところが、ここで大きな問題になるのが、鳥獣行政における被害管理の実態である。ここでいう被害管理とは、農地や集落での被害対策だけでなく、被害問題に対応する行政の体制や人材の配置なども入っている。ここからは、その説明をしたい。

1 被害管理の実態——集落防護柵と個体数調整

第四章では「農業において、いつ、何を、どうするかということを決定する**意思決定者**は、**農家**である。ということは、農業をうまくやっていくための支障となっている野生動物被害を防ぐのも、農家の役割である。行政（中略）の役割は何だろうか？それは、**技術面**や**経済面・人材面で支援すること**である」と述べた。だが、残念ながら獣害対策の専門家と呼べる人材は、都道府県には、**現在のところほとんどいない**のが実情である。それは、現行の公務員制度が、長くて三年程度（試験研究機関に所属している場合はもう少し長くなることもある）で、別の部署に異動になることを前提に組織されていることと関係している。つまり、特定の部署に長期間勤務しないことを原則としているのである。そのため、鳥獣行政について一通りの知識や経験を積んだら、それを生かす機会もなく、別の部署に異動するということを繰り返していて、いつまでたっても組織内に知識と能力を蓄積した専門家が育たないのだ。

たとえば土木工事や建築関係を担当する部署には、それらの設計図面や施工方法の妥当性などを判断できる専門的知識をもった人材が必ず存在する。鳥獣行政の部署に人材がいないのは、その必要性をこれまで十分考慮せず、知識や技術をもった専門的人材を育成してこなかった**国や都道府県に大き**

な責任がある。それは、戦後の農業が野生動物の存在を想定してこなかったことと深く関係している。

実際のところ都道府県庁（以下、県庁）内にいる担当者のほとんどは、被害の現状をよく知らない（もちろん被害金額や被害面積などの数字は知っているが、被害の現場をほとんど知らないという意味である）。農家の経営状況や、被害対策の実態についてもあまり把握していない。それにもかかわらず、国からくる補助金や県単独の予算で鳥獣行政関係事業の計画を作り、財務関係の部局と協議して、毎年やるべき被害対策事業を決めているのだ。当然ながら、地域ごとの、あるいは個々の農家の背景やニーズなどは、被害対策事業にはまったく反映されていない。

この十年ほどの間に、環境省や農林水産省、文部科学省は、各種の研修事業や人材育成事業を通じて専門的知識をもった人材の育成を図ってきた（参考HP参照）。しかしながら、全国や地方の公務員制度が大きく変わらない限り、せっかく獲得した専門的知識を生かせる場所に研修の受講者が配属されるとは限らないし、もし配属されたとしても、数年間で異動になってしまう。結局のところ、表面的に対策をしているというポーズをとっているだけで、根本的な解決のための人材育成プログラムを構築するという気はまったくないとしか考えられない。その意味で、**現在の状況を招いた国や都道府県の責任は重大**である。

最近になって、農業関係の普及員に対して獣害対策の研修を行なうことが可能なように国の制度が変わったので、都道府県がやる気になれば、獣害対策に精通した普及員を育成することも可能になった。ちなみに、滋賀県や奈良県では国の制度が変わるとほぼ同時に、普及員に獣害対策の研修を行なうようになり、滋賀県では全国ではじめて獣害対策の専門技術員を置いた。また、兵庫県では二〇〇七年に野生動物管理を専門とする兵庫県森林動物研究センターを開設し、毎年かなりの回数の研修会を県職員や市町職員、農協職員などを対象に開催しており、少しずつではあるが知識や技術を浸透させる努力をしている。

このように、例外的に体制を整えつつある都道府県もあるが、多くの地域ではまだ組織や体制を整えられていないのが実情である。いま必要なことは、被害の実態を把握・分析し、その対応策を提案できる人材を都道府県で確保することと、やる気のある農家に技術的・人材的・経済的支援をすることである。専門職となる人材は、国や教育機関がしっかりと養成する必要があるが、養成した人材を採用して活用する受け皿（役職）も都道府県に用意する必要がある。残念ながら、限られた都道府県で任期付の職員が採用されている程度で、とても人材は不足しているのが現状である。

2 どのような人材が必要か

もし本気で被害問題を解決に向かわせたいのなら、ぜひ**積極的に別枠で、専門職として、都道府県**

には地域振興局単位の広域的なコーディネーター（**前述**）**を、市町村にはコーディネーターを採用するような制度を作るべき**である。もちろん、前述したプランナーとコーディネーターは連携しながらそれぞれの役割を果たすことが不可欠である。もし実現すれば、被害問題は解決に向かうはずである。

もしこのような人材確保が困難であるなら、同じような機能をもつ人材あるいは組織に**アウトソーシング**（民間団体に外部委託あるいは、民間団体から派遣）するのも一つの方法である。これまで野生動植物の調査やモニタリングをしていた民間企業やＮＰＯたちが、いま次々と被害対策に参入しはじめている。これは、今回の法改正にあわせた野生動物の捕獲隊の編成を見越したものと無関係ではないが、被害対策は捕獲だけではない。むしろ、地域に入り込んでさまざまな状況分析を行ない、農家のニーズに柔軟に対応して、適切な被害対策を提案するようなコンサルタント業務を果たす組織が増えれば、その分農家にとっては選択肢が増えることになる。硬直化した行政組織を改変するより、ずっと早道かもしれないのだ。ただし、そのような場合でもアウトソーシングした業務内容を理解し、状況をモニタリングして評価できる人材（プランナーやインタープリター）は、行政組織内に最低限確保する必要がある。

国や都道府県は、これまでは捕獲や集落防護柵などのハード面だけに多額の補助金を出して来たが、その結果、被害はほとんど軽減できなかった。このことは、ハード面の補助ももちろん重要だが、ソフト面やアフターケアがなければ、その機能は十分果たせないということを明確に示している。集落住民の実情に合わせて情報や技術の提供と普及啓発を行ない、地域に根ざした対策の支援を実施してゆくソフト面こそが、問題解決の糸口になる。もちろんハード面の維持管理にも資金は必要なので、その分の支援も欠かせない。その支援を十分に活かすためのプランナーやコーディネーターの育成と雇用が、今後被害問題が解決する方向に向かうかどうかの重要な鍵になる。

先進的な都道府県では、事業内容を「専門家」会議などで議論して決定したり、県庁内に作成した**部局横断的な被害対策チーム**で検討した結果に基づいて決定したりしている。しかし、多くの県では、国および都道府県の補助金を財源とした、「専門家や農家から見れば、農家の実情に即さなくて、科学的根拠が十分検討されていないような」事業（たとえば集落防護柵）が提案され、粛々と実行されている。これでは、被害が軽減するはずがない。さらに困ったことに、鳥獣担当部局の要求した予算がそのまま通ることはまずない。財務関係との部局との折衝を経て、さらに減額されたり、内容を大幅に変更させられたりするのがふつうである。何も野生動物のことを知らない財務担当者に、事業の重要性や予算の必要性を説明しても、なかなか理解されず、多大な時間と労力のほとんどが水泡に帰すこともまれではない。

3 県庁と地域振興局との温度差

地域振興局に所属している職員は、被害現場にたびたび立ち会うことになり、地元住民からの苦情を直接聞く立場になる。そこでのストレスは、並大抵ではない（わたし自身も同じような経験がある。以前は、調査をしているというだけで、激烈な罵倒を受けることも珍しくなかった。それほど住民感情が悪化していた時代や地域があったのである。このような事情は、いまでもさほど変わっていないのではないかと推察する）。それに加えて、実際に現場対応に費やす時間と労力の多さはたいへんなものである。それを、担当者というだけで引き受け続けることは、それが正のエネルギーになればいいのだが、負のエネルギーとして心身を蝕むこともあるだろうと思う。

さきほど書いたように、野生動物の被害を防ぐには、行政の支援が不可欠である。だが、それは、**その地域の担当者が一人で全部引き受けるものであってはならない**。現状を考えれば、県庁も含めた部局全体、あるいは部局横断的なチーム全体として、問題解決の方策を模索するような体制作りを早急に進めるべき時期に来ている。少なくとも**県庁の幹部が現場視察**を行なって、自分の都道府県の実情や市町村の実情を、肌で感じる機会を持つべきである。県庁と現場との温度差は、さまざまな局面で軋轢を生むだけでなく、現場での判断の正当性を見失う原因にもなっている。

ここでは、最小限やるべきことに焦点を当てて、チームの中の役割分担を明確にして必要な人材を確保し、お互いに無理のない範囲で業務を分担することが重要である。それぞれの組織内で必要な業務をおろそかにして、鳥獣被害の対策に多大な労力をかけることは、しわ寄せや歪みを作ることになり、短期的には問題解決につながったように見えても、中長期的には解決に向かわない可能性がある。それぞれの組織が少しずつ柔軟に対応できるようになれば、大きな進歩が期待できるはずである。

4 都道府県と市町村との関係——行政上もっとも大きな問題

野生鳥獣に対する被害対策において、もっとも悩ましい問題の一つが都道府県と市町村との関係である。両者とも被害軽減を目指すという点では一致しているが、予算や事業内容、管轄する法律、農家や地元住民との距離、野生動物管理と被害軽減とのバランスの取り方など、ありとあらゆる面で緻密な調整が必要になってくる。市町村は、地元住民との結びつきが都道府県に比べてはるかに強い分、地元の複雑な事情や問題点にも精通しており、それが国や都道府県が考える「理想的な野生動物の保護管理のあり方」との乖離を大きくしている。

両者の考え方や意見の相違が大きくなればなるほど、問題は複雑になり、合意形成が困難になってゆく。とくに被害の大きい地域においては、都道府県と市町村の意見が乖離することが多い。都道府県が健全な個体群の維持を主張するのに対し、市町村が捕獲による被害軽減を主張し、真っ向から対立し、合意形成の場すらなかなか設けられないことも珍しくない。そんな中でも、両者とも粘り強く対話をして、最終的にはぎりぎりの線でお互いに妥協しているのが現状である。

さらにやっかいなのは、第十一章で紹介する法改正で、市町村が策定する被害防止計画が都道府県が策定する特定鳥獣保護（あるいは管理）計画の上位に位置してしまったということである。市町村の計画が特定計画の方針に沿わないケースも、理論上はできることになってしまっている。

サルをたとえにすると、地域住民からすれば、ほかの地域にもサルはいるのだから、一部の地域のサルが絶滅しても問題ないように考えられがちである。しかしながら、少し大げさな言い方をすれば、その地域のサルは、その地域の歴史を背負って、人よりずっと昔から生きてきて、長い間、人とのかかわりの中で生きてきた動物である。だから、その地域の人たちの意見だけで絶滅させてもよいかと問われれば、その意見を肯定することは都道府県の立場からはできないこともある。

市町村の立場、地域住民の立場からは、不利益を被っているのは自分たちだけであるという不公平感や、毎日の生活を脅かされるという不安や不満、行政（都道府県）の対応が、まるで「人より野生動物のほうが大切」といっているかのような理不尽さなどが、意見として出てくる。そのような中で、絶滅の回避を望む都道府県がやれることは、地域住民や市町村にできるだけ不利益がでないような被害対策など、人材的・経済的ケアを全力でするぐらいしかない。現場にかかわる研究者としても、「何頭いればいいのか」「絶滅させてはなぜいけないのか」といった問いに対して、総合的に判断して明確な答えを出せないことも少なくない。

それだけに、日ごろから都道府県と市町村とは意思の疎通を図り、いざというときに迅速に対応できる体制を作っておくことが大切である。地元だけが不利益を被るのではなく、都道府県全体でそれを負担するような体制になっていることが望ましい。

コラム *column*

農業普及員や試験研究機関研究員、農協職員の活用

先ほど「人材は県庁内にはいない」と述べたが、都道府県の振興局などや農業普及員、試験研究機関の研究員の中に、野生動物の被害対策に精通した人材がいる場合もある。彼らも、本来の仕事は別にあって（例えば、病虫害担当とか）、鳥獣害の担当ではないのだが、農家との接点を持っていて、技術を普及啓発するテクニックを持っているのが最大の強みであり、かつ期待できる点である。野生動物による被害を防ぐ技術は、さほど難解なものではない。その意味でも、各地域の普及員とペアになって、被害防止技術の普及・啓発を図ってゆくのは一つの方法だと思う。前述したようなプランナーやコーディネーターが試験研究機関に所属するようになれば、縦割り行政の問題もある程度解決する可能性がある。

ただ、本来の担当でない人材を都道府県や市町村という組織の中で活用するには、（少なくとも表向きは）上司が納得できるそれなりの理由が必要である。たとえば普及員とペアで動くには、特産品の生産地拡大や販路拡大のために、特定の集落に働きかけるために必要だ、といったようなことである。上司のほうも、ほかに目的があるとわかっていても、表向きの理由があれば許可をだしやすくなる。地方自治体の経営がどこも苦しくて人員削減が続く状況のなか、余分な仕事はできるだけ作りたくないし、引き受けたくないのが管理職の立場である。それを見越して動くことも、ときには重要になる。

また、地方自治体の職員ではないが、地域を担当する農協職員にも野生動物の生態や行動、あるいは野生動物による被害問題に精通した人材がいる地域がある。彼らも直接農家に接する立場にある重要な人材なので、農協職員を対象としたコーディネーター養成の研修会などをおこなって、被害対策の技術の向上を目指してもらというのも一つの有力な方法になるだろう。

第7章 捕獲で被害を減らせるか？

野生動物管理の主要な手段の一つに「捕獲」がある。増えすぎた野生動物を捕獲し、個体数を適正な水準に保つことは、農作物被害の軽減につながると一般には信じられており、それを支持する研究者も多い。とくにシカの個体数増加は、前述したように「生物多様性の喪失」を引き起こして、生態系のバランスを狂わせる大きな要因になっていることもあり、捕獲による個体数調整が喫緊の課題となっている。では、サルはどうだろうか。この章では、人とサルとの軋轢が「捕獲」によって解消するかどうかを、さまざまな点から検討したい。

1 捕獲するとはどういうことか

捕獲するというのは、群れであれば、その一部あるいは全体を、ハナレザルであればその個体を捕獲して殺処分することである。ふつうは農家本人がやるのではなく、猟友会などの狩猟の専門家に行政が委託して行なわれる。捕獲には「有害鳥獣捕獲」と特定計画にもとづく「個体数調整」という二つの方法がある。

捕獲すれば被害が減るという発想は、昆虫も含むあらゆる動物に対して、自然に（ふつうに）起こる考え方として、昔から行なわれてきた。ただ残念ながら、サルの場合、群れ全体を捕獲することはかなり困難なので、ほとんどの場合群れの一部を捕獲するということが行われてきた。

「被害発生の主体」をなくす（この場合は野生動物を捕獲する）という考え方自体は悪くはない。ただ、被害軽減を目的として、サルの群れを適切に捕獲するには、かなりの時間と労力がかかる。野外で自由に生活している野生動物を捕獲することは、農地に農薬を撒いて病害虫の発生を予防するというほど簡単な作業ではない。実際のところ、サルに関しては、捕獲することによって被害が確実に減少したという実例報告は、最近までほとんどなかった。それは、いままで行われてきた捕獲のほとんどが、少なくとも被害軽減という観点からは効果的でない方法で実施されてきたからである。

最近になって、いくつかの地域で被害軽減に効果的な捕獲や、分裂を防止しながら個体数を減らす捕獲が実践され、少しずつノウハウが集まりつつある。ここでは、そのような数少ない知見を踏まえながら、被害対策に有効な捕獲方法を提案する。

2 なぜ捕獲では被害がなかなか減らないのか

捕獲によって被害が軽減できない場合には、以下のような理由が考えられる。

(1) 加害個体を選択的に捕獲(捕殺)できていない

農作物を食べるために群れが集落に現れたとしても、群れのすべての個体が集落に入ってくるとは限らない。開けた場所に出てくるには、恐怖感や警戒心に打ち勝つ必要があるが、そのような恐怖感や警戒心の大きさは、個体の性や年齢、子どもの有無などによって大きく変わるからである。たとえば、効率的に個体数を減らすには、子持ちの雌を狙うほうがよいが、これらの個体は森の周辺部などの安全な場所から離れることを嫌う傾向にある。一方、集落に出ても何も危害を加えられずに農作物を食べることに成功した個体は、何度も集落に出ようとするが、一度でも危険な目に合うと警戒心が強くなって、なかなか現れなくなる場合もある。

もし、捕獲が箱わなによるものであれば、農地周辺に現れた個体（つまり被害を与える可能性が高い個体）を捕獲できる可能性は高くなる。一方、山中で銃器による駆除が行なわれた場合には、その個体が本当に加害個体かどうかを判断することは難しくなる。山中で大型檻で捕獲した場合も、加害個体をうまく捕獲できたかどうかは判断できない。また、集落周辺で銃器を使用することは法律で禁じられているので、被害を与えている現場でサルを撃ち殺すことはできないことがほとんどである。

つまり、加害個体を特定して選択的に捕獲するという目的を達するには、集落周辺に出没する個体を集落周辺に設置した箱わなや檻で捕獲すればよい。ただし、以下の（2）、（3）、（4）で述べているような問題点をクリアする必要がある。

（2）群れ全体を捕獲することが技術的に困難である

加害している群れ全体を捕獲することができれば、被害を（少なくとも一時的に）根絶できるかもしれない。実際に、奈良県島ヶ原村で集落に現れていた個体を多数捕獲した結果、一〇年以上被害が発生しなくなったという実例がある。しかしながら、取り残しなく群れ全体を捕獲できた例は、いままでほとんど報告されてこなかったのが現状である。

取り残された小集団は、しばらく集落に近づかなくなるか、あるいはそのまま被害を出し続けるか、どちらかの行動をとることが予想される。いずれにしろ、別の被害対策をしなければ、少しずつ個体数を回復して、再び被害を出しはじめることになる。

（3）群れの一部を捕獲すると群れの反応が予測不能になる

有害鳥獣捕獲などで群れの個体の一部（数頭〜十数頭程度）を捕獲した場合の群れの反応には、おおまかに分けて、以下の三つが報告されている。

（ア）群れを取りまとめている雌個体が捕獲されることによって、群れが分裂する
（イ）行動範囲は変わらず、各集落への加害頻度が減少する
（ウ）行動範囲が縮小して、特定の地域に集中する

もっとも深刻なのが、（ア）の群れが分裂する場合である。群れの中心部にいる中堅（中年）雌を捕獲すると群れの分裂を引き起こす可能性があることが知られている。このような事例の正式な報告はほとんどないが、状況証拠から推定される事例は少なくない。この場合、それぞれの群れの大きさは小さくなり、狭い地域に定着して継続して被害を出し続ける。群れが小さいので、山中での捕獲も思うように進まなくなる。また、ニホンザルの雌は地域への執着性が高いので、特定の地域に被害が集中することにもなる。

一方、（イ）の場合には、相対的な被害量が減る可能性があるし、（ウ）の場合は、行動範囲から離れた場所の被害はなくなる。実際に大幅に個体数を減らした事例では、行動範囲の変化や縮小が見られることが報告されている。

しかしながら、被害対策をしなければ、一時的に被害が減っても、やがて群れの個体数が回復し、元の状態に戻ってしまうことは、群れ全体捕獲をしたときと同様である。とくに、捕獲によって個体数を減らす場合は、群れ全体捕獲よりさらに不確実な要素が多いため、計画通りに被害が軽減することは期待できないといえる。

（4）捕獲すると被害が拡大する可能性がある

集団を特定しないで捕獲する場合は、前述した（1）、（2）、（3）の捕獲より被害軽減効果がもっと低くなる可能性がある。被害を出している群れかどうかがわからない群れの個体数を減らすだけなので、被害を出している群れの勢力が拡大して被害がひどくなる可能性があるからである。人里から離れた場所に生息している、加害をしていない可能性の高い集団の捕獲も、同様の理由で避けるべきだろう。

3　被害軽減と捕獲との関係

被害を軽減するためには、「加害個体を特定して選択的に捕獲する」ことが最優先課題になる。そのためには、捕獲対象の群れの調査を実施し、集団サイズや集団構成を把握し、適切なサイズや構成を目標として実施することが不可欠である。残念ながら現状では、そのような捕獲はほとんど行なわれておらず、その結果、捕獲が被害軽減に効果的に結びついている場合はほとんどないといっても過言ではないだろう。それは、一つには「捕獲」そのものが、サルの場合、被害軽減に結びつきにくいという事情がある。

生息地との結びつき（地縁性）の強い生活をするサルの場合、個体数が多少変化しても、基本的に同じ場所を生活場所として維持しようという傾向が強い。その結果、群れの個体が捕獲されて個体密度が低下しても、その場所での生活（とくに採食）をあきらめて群れが別の場所に移るということは、あまり期待できなくなる。むしろ、後述するような被害対策を地道におこなって、採食場所や採食機会をなくしてしまうことのほうが、自分の栄養状態や生死にかかわるだけに効果が期待できるのである。

4 捕獲が必要な場合とは

一方で、捕獲が必要な場合もある。それは、被害地域の分布拡大を避けるために、**特定計画に従っておこなわれる計画的な**個体数調整の捕獲である。分裂の可能性の高い大きな集団（例えば一〇〇頭以上）の個体数を標準的なサイズにすることは、分裂を回避する上で有効である。個体数が増えて分裂の危険性が高くなると、被害地域の拡大につながるからだ。

捕獲する場合には、分裂を避けるために、①箱わなや一〇数頭程度が入る大きさの捕獲檻を利用して、②集落周辺地域で、③子どもや若い雄個体、あるいは明らかに高齢の個体を選択して捕獲する。また、農作物に強く依存している群れや、人身被害を起こす可能性のある群れについては、周囲の群れとの関係等を検討した上で、数十頭程度の捕獲や全頭捕獲を試みることも必要である。

いずれの場合も、捕獲後も被害防止の努力を続けることが不可欠である。捕獲後、被害対策をせずに放置すれば、すぐにまた個体数が増えて元の状態に戻ってしまうからである。

5　人と野生動物との適切な関係を保つために必要な捕獲

特定の地域には、人身事故を起こす可能性のある、人馴れが過度に進んだ個体や集団が生息していることがある。その場合は、個体や集団を選択して、捕獲することが必要になる。できればその前に、そのような過度の人馴れが起こらないように、サルを見たら追い払うなどの対策をとることが望ましい。

野生のニホンザルが、積極的に咬傷事故を起こすことはふつうはほとんどないが、野猿公苑から離れてきたサルや、人に飼われた経験のあるサルは、人や住宅街、あるいは人口密集地を恐れることなく出没して、明確な理由もなく人を（後ろから）襲うことも少なくない。そのようなニホンザルに対しては、迅速な対応（捕獲）が重要である。

コラム
column

人馴れを進めないために

人馴れはいろいろな場面で起こる。人馴れが進めば進むほど、集落に出てくることを恐れなくなり被害が出やすくなる。だからこそ、ふだんからサルが集落にいることに馴れないように心がけることが重要なのだ。

たとえば、農地で作業をしているときにサルが現れても、怖いので気がつかないふりをしたとする。それだけで、そのサルは、「あぁ、人は怖くないものなんだ」と学習してしまう。もちろん、老齢の女性が一人で大きな雄ザルに立ち向かうのは、少し危険かもしれないが、基本的には何かを振り上げて追い払う、石を投げて追い払う、マシンガンを構える（あるいは実際にサルをめがけて撃つ）、花火を打つなどの方法で、少しでも相手に脅威を与えることが大切である。

こういった態度をいつも取り続けることは、実は相手に実力を見抜かれるという危険性も孕んでいる。つまり、「脅しだけでほんとうは怖くないもんだ」と思われるという危険性である。それを避けるためには、本当に追い払う実力のある人（たとえば猟友会の人）と同じ色の帽子やジャンパーを身につける、集団で林縁の中まで少し入って追い続けるなど、脅威を強く感じるエピソードを交えると効果的になる。あくまでも、無理をしない程度に、自分のできる範囲で集落から追い払うことを実践し続けること、それが人馴れを進めない唯一の方法である。

第8章 農家と行政
――被害対策をどのように進めてゆくか

この章では、行政と農家がそれぞれの役割を自覚しながら被害対策を進めてゆく方法を検討する。まずは、被害現場に行政職員が出かけて、地域住民の視線と同じ視線で被害現場を見ることが第一歩になる。

1 支援者としての行政の重要性――現場に出かける

農家がほんとうに望んでいることは何か、というのを推測することは簡単なようでじつはなかなか困難な問題である。極端な例を挙げれば、ある対策をすれば被害を根絶できることがわかっているのに、それをしない農家がいるということさえ、珍しいことではない。たとえば、自分のところだけ少し高価な電気柵をすることにためらいを感じているとか、電気柵を越えている枝を切ってしまえば、電力会社から補償金が受け取れなくなるからわざと放置するとか、収穫を望んではいるけれど、それ以上にみんなで集まって話をするために農業を続けている（だから被害はそれほど気にしていない）といった、さまざまな動機が働いていると、被害感情があまり大きくならない場合がある。

ただ、そのような場合でも、いざ収穫のときに被害にあうと、やはり怒りが先に立ってしまったり、みんなの声を集約する立場になると、自分で思っている以上に、被害対策の不十分さを行政に強く訴えたりすることがある。このような被害者側の感情のゆれに対してどのように対応してゆくのかも、行政の大きな課題の一つである。

農家の本音を聞いて、適切な支援を行なうためには、やはり何度も被害現場に足を運んで心を通じ合うのがいちばん大切である。すぐにその場で効果的なアドバイスができなくても、被害にあったときの怒りの矛先の受け皿になることが、大切な被害対策の一つになるし、そうすれば相手も自分たちの行動の理由を話す気になってくれるかもしれない。理由がはっきりすれば、特定の被害対策を提案することが可能になる場合もある。まずは、現場に出て被害状況と、農家の意見や感情を受け止めることが重要なのだ。

2 ニーズにあった適切な事業を

被害対策を実施するときに気をつけなければいけないのは、行政職員の中には、被害対策のための事業予算を消化することが目的化している人がいることである。そのような場合、事業を消化しなければならないということが、どうしても態度に出てたり、集落住民も「行政を助けると思って引き受けてやるか」とか、「とにかく手を上げる地域に話をもっていこうか」いうような気になり、本当は適切でなかったり、効果的な手段ではないような事業を実施することになる場合がある。このような結果、せっかくの予算が無駄になるだけでなく、行政側への不満がますます強くなることが少なくない。

当たり前のことだが、農家や集落は事業の受け皿ではない。必要なところに適切で効果的な事業を実施するというのが、もっとも望ましい。プランナーやコーディネーターがいるなら、まず予備調査をしてから事業実施をするのがよいし、もしいないなら適切な専門家に事業実施前にアドバイスを求めるべきである。また、事業が計画通り実施されているか、事業の成果は予定通りだったかといったモニタリングも不可欠であり、うまくいっていない場合にはフォローアップも必要になる。とくに、集落防護柵のような大規模なハード事業は、適切な設置と維持管理ができないと効果が半減するので、モニタリングとフォローアップは不可欠になる。

3 被害現場がコミュニケーションの場

実際に被害が発生したときには、その現場で被害防止の臨時の勉強会を開くと、具体的な問題点や被害防止技術のポイントを効率よく伝えることができる。被害現場に、とりあえず周辺にいる人たちにちょっとだけ集まってもらって、「ここがこういうふうになっていると、被害が発生する」ということを、自分たちの目で確かめてもらえる絶好の機会になるからである。そのときもし、「うちの畑も見てもらおう」という声がでたら、被害対策に興味を持ってもらうきっかけができたことになる。もし、うまく防げているのなら、具体的にポイントを指摘しながら、重要な点をもう一度伝える。もし、うまく防げていないのなら、圃場の管理の様子を聞いてから、改善点の候補を挙げたり、新しい技術の導入を勧める。このように被害現場を、技術普及の場所にすれば、被害防止技術の普及効率が上がる。

繰り返しになるが、サルに対する効果的な被害対策が普及しない大きな要因は、効果的な柵がシカやイノシシにくらべて高価であるという経済的理由と、サルの知能に対する思い込みである。だが、これまで述べたように、安くて効果的な電気柵も開発されてきており、有効な追い払いの方法や捕獲方法も確立してきている。あとは、**行政側がそれを事業化し、モデル集落を各地に設けて、**それらの技術や知識が自然と広がってゆくのを、適切に支援することが重要になる。

このような方法をとるときに、一つ気をつけなければいけないのは、一部の地域で効果的な方法も、別の地域では、さまざまな事情があってうまくいかないことが多いということである。その場合もっともよい対応としては、なぜうまくいかないかを分析して、別の方法を提案するということである。だが、実際に行政側の対応としてよくみられるのは、事情を聞いて、その結果その考え方や技術の普及をあきらめてしまうことだ。それでは、やる気になっていた農家や集落に、大きな失望感を与えるだけでなく、行政不信の種にもなりかねない。一度ある地域で普及を図るということが決まったら、ぜひあきらめないで、被害の発生状況を分析して、障害となっている要因を解決するなり、別のアプローチを考えるなどして、粘り強く取り組むことが重要である。そういった壁を一つずつ越えてゆくことで、はじめて被害防止の考え方や知識や技術が、集落全体に面的に広がってゆくのだ。

4 知識や技術をどのように伝えてゆくか

このような普及啓発活動の中で、もっとも障害となる問題は、実は行政内部にある。それは、行政にとっては**事業の継続性**（＝**予算の継続性**）を保つことと、**知識や技術の蓄積**を図り、**成果の可視化**と全体の底上げを図ることが、困難だからである。たとえば、行政文書の保存期間は五年間だが、適切な野生動物管理を推進してゆくためには、得られたデータは永久保存されるべきであり、関係者のだれもがいつでも必要なときに参照できるようにすることが重要である。そうすることで、はじめて、異なる場所で同じような課題に出会ったときに、過ちを繰り返すことなく事業や普及活動を円滑に進めることができる。あるいは、同じ課題でも地域ごとに解決方法が異なるということもわかるかもしれない。これは、いまの公務員制度のもつ、短期間での人員の入れ替わりという欠点を補うだけでなく、あたらしい人材の教育活動にも活用できる資料にもなる。

被害対策は、特別なものではなくだれでも普通に行える技術体系であるという段階がくれば、被害問題は解決困難な問題ではなくなる。そのためには、誰かが知識や技術の蓄積と成果の可視化という作業をする必要があるが、これは、労力さえいとわなければ、いますぐにでもできることであり、ぜひ、全国各地の行政機関が取り組んでほしい。もしプランナーやコーディネーターを採用できるのなら、失敗事例も含めた事例収集だけでなく、事業の経過と成果を記録し、要因分析にも取り組んでほしい。そのうえで、小冊子やパンフレットといった紙媒体だけでなく、専門のＨＰやＳＮＳを利用して正しい知識をより早く伝える工夫も考えるべきかもしれない。

5 風通しのよい支援体制の確立を目指して

野生動物による被害は、中山間地域では社会問題化するほど深刻な問題である。それは、行政側がハード面だけの支援で済まそうとして、結果的に被害軽減が果たせず、集落住民から「何もやってくれない」という行政不信が日増しに募るようになってきたころからはじまった。そのころにわたしは被害管理を専門分野にするようになったが、行政不信が野生動物（とくにサル）に向けられる憎悪に変わってゆくのをみて、暗澹たる気持ちになったことをいまでも覚えている。被害の深刻さはいまも変わっていないが、農家を主体とした被害対策を考えてゆくソフト面のアプローチやヒューマンファクターの重要性についての認識が、広がってゆくにつれて、以前より行政と集落との間はほんの少し敵対的ではなくなった気がする（ただし、地域差は厳然として存在するし、根本的な解決に至っているわけではない）。

被害対策を効率的にかつ円滑に進めていく上では、行政不信は取り除くべき最優先課題である。行政不信によるコミュニケーション不足が深刻化している地域では、どういう態度や行為が行政不信を生んでいるのかを検討するとともに、それを取り除くためにするべきことを行政内部でまず議論することが必要である。行政と集落住民との信頼関係がなければ、情報や技術の提供や普及は進まない。

上からでも下からでもなく、水平な目線を保ちながら、農家の支援に当たることが、集落住民と行政との相互理解と、被害問題解決の鍵になる。

繰り返しになるが、行政が本気で被害問題を解決したいのなら、被害対策の部局横断的な支援体制をできるだけ早く確立すること、そのための専門職（コーディネーターやプランナー）を市町村や都道府県レベルで確保すること、部局横断的な被害対策チームを立ち上げて、つねに連携しながら問題にあたることである。それが、行き詰まっている被害問題の解決の糸口になるだろう。

コラム
column

講演会や勉強会だけでは伝わらないもの

被害防止の考え方や被害防止技術をある集落に伝えようと思ったら、まず最初に浮かぶのは、勉強会や研修会を開くことだろう。「専門家」や「研究者」を連れてきて講演会や勉強会をすれば、問題が解決すると思われていることも少なくないが、すべての研究者が被害対策に精通しているとは限らない。被害を出している動物を研究対象としていることはあっても、被害問題については、あまり関心のない人のほうがむしろ多いといってよいだろう。だが、生態や行動について知らない人が来ることはまずないので、被害現場に連れて行って、どんなふうに田畑に侵入するのか、どの程度間伐をすれば効果がありそうか、こういう柵では役に立たないかといった、具体的な事例を目の前にしてアドバイスを求めれば、それなりに答えを引き出すことができる。とにかく現場を見せて、その上でこちらが必要とする答えを引き出せるような質問をして、農家に直接聞かせることがポイントである。行政職員がいくら言っても聞いてくれなかったことでも、農家は「専門家」が言うんだから、まず間違いはないと思ってくれたりする（まったく逆効果のこともあるが）。

講演会や勉強会は、それはそれで一つのきっかけにはなるが、それで終わりでは、ほとんど被害対策の考え方や技術の普及は進まない。何度も繰り返し同じ集落で、ただし出席するメンバーを変えてきてもらうとか、何かのついでに農家を訪問したときに、その話題を出して、思い出してもらうとか、繰り返し繰り返し伝えることが重要である。「そんな時間や余裕はない」と言っているうちは、被害防止技術の普及啓発は夢物語になる。ほんのちょっとの時間を有効に使って、勉強会の内容を思い出してもらうだけでも、技術の広がり方はかなり変わってくる。

第9章 被害問題における研究者の役割

わたし自身、これまで、農水省や環境省といった国の行政機関、さまざまな都府県、市町村の野生動物管理行政に、研究者として関与してきた経験がある。とくに最初のころは、自分が学ぶべきことは何かを知るために、積極的に国や、近畿を中心とした府県の委員に就任するだけでなく、現場での実証試験や府県や市町村職員の研修会、府県や市町村の開催する講演会等にも参加してきた。この章では、野生動物問題にかかわる研究者自身の課題と限界について考えるとともに、研究者の立場に立ったときの、現在の国や都道府県、市町村の鳥獣行政の課題について検討したい。

1 野生動物の研究者とは何か

野生動物の保全や管理、あるいは被害対策を主たる研究テーマにしている研究者は、ほんの三〇年ほど前までは、日本にはほとんどいなかった。それが、被害問題が社会問題として大きくなり、農水省や環境省が対応しはじめたことから、保全や管理に関心をもつ研究者が少しずつ出てくるようになった。ただし、被害対策を専門とする研究者が現れるには、さらに一〇数年の歳月が必要だった。いまでは、野生動物を研究する研究者の一部が、自発的にあるいは必要に迫られて保全や管理に多少なりともかかわるようになり、加害動物の行動や生態についての知見もずいぶん増えた。

野生動物問題にかかわる「研究者」の多くは、動物の生態や行動の研究者か、獣医である。野生動物の研究者は、限られた学問分野や研究対象の専門家であり、野生動物の生態や行動には詳しいが、被害対策について詳しい知識を持っていたり、被害が発生する原因分析に長けているとは限らない。また、野生動物問題といった社会的問題への関心や取り組もうとするモチベーションの高さは、研究者によってさまざまであり、研究者だからといって、被害問題の解決に十分対応できるとは限らないのが実態である。むしろ後述するような、都道府県の農業関係の研究機関の研究者や普及関係の職員、農協職員などのほうが被害対策の技術に詳しかったり、被害軽減に熱心に取り組んだりしていることが多いが、加害動物そのものの行動や生態については知識が不十分なこともあり、被害問題の解決が円滑に進まない場合もある。

もう一つの問題は、動物の研究者は、農業とはどういうものかということをほとんど知らないということである。さまざまな農作物の品種や、それぞれの播種や植え付けの時期などの農作業のスケジュールなどには、ほとんど知識がないし、農家がどんな形で経営や資金繰りをしているのか、水稲一反の収入がどれくらいで、どの時期には、どの作業が優先するのかといったこともわかっていない。その結果、「**農業を無視したアドバイス**」をしてしまいがちである。たとえば、その時期に柵を立てると後の作業に困るとか、その農家には（土地の傾斜がきついので）電気柵の管理は無理だとか、といった実践の場での問題点については、あまり配慮できなかったり、被害が発生する状況の分析はするけれど、解決策を提示してくれなかったり、実際に困っている農家にすぐに役にたつ情報を出してはくれるとは限らない。

一方農家の側も、研究者から「もう一畝分は植え付けをやめてスペースを作るか、別のものを植えて被害を防ぎましょう」とアドバイスされているにもかかわらず、どうしてもいつもどおりの収量が確保したくて、柵の際まで作付けをして、結果として柵を倒されて作物が全滅してしまうという事態を引き起こしてしまったりする。農家としては、これまでやってきた農業のやり方で、ちゃんと収穫をしてきたのだから、いくらアドバイスがあっても、すぐには信じられないし、たとえ頭ではわかっていても、そう簡単には変えることはできないことが多い。

野生動物の知識や技術を活かすには、それを理解しつつ農家の立場もわかる人材の育成が欠かせない。別の言い方をすれば、現場での課題が適切な形でフィードバックされれば、動物の研究者は、適切なアドバイスをしたり、新しい技術を開発したりすることができる可能性がある。たとえば、兵庫県や三重県では、シカやイノシシの捕獲技術や、サル用の防護柵についてはそのようなフィードバックを活かした技術が開発されている。もし、自分の生活している地域に、農業被害問題に真剣に向き合う野生動物の研究者がいるのであれば、農家の経営実態や、使われている技術などの資料を携えて、技術開発や農業技術の改良にアドバイスを求めてもよいのではないかと思う。

2　研究者から見た鳥獣行政のあり方

「特定鳥獣保護管理計画」等の専門家会議に委員として呼ばれている場合は、提供される情報があまりにも少なくて、計画が適正なものなのか、実効性が高いものなのかという判断ができない場合が多い。熱心な研究者の場合には、個別に時間を設け、詳細なアドバイスをする人たちもいるが、現実的にどの程度の人たちがそこまで踏み込んだ形で、行政とかかわっているかどうかは不明である。残念ながら、被害現場の現状も見ないで、紋切り型のアドバイスをする研究者の存在も否定できない。

一方、野生動物管理や被害問題にかかわっている研究者には、さまざまな専門性やモチベーションを持った人たちがいることを、あまり理解していない行政関係者たちも存在する。「研究者の言うことは所詮理想論だから、聞くだけ聞いておこう」という態度が行政側から感じられる場合も少なくない。どちらの場合も、残念ながら時間と労力と経費の無駄になる。

野生動物の被害問題は、ある種の「生き物」のようなものだと言ってもいいのかもしれない。毎年のように更新される法律や仕組みを正確に理解し、かつ現場での状況を詳細に把握することは、自分自身の仕事を抱えている専門家会議の出席者の多くにはほぼ不可能である。前述したようなプランナーやコーディネーターが会議に同席し、現状の報告等をするのなら、現場の被害状況や野生動物の生息状況をある程度カバーできるかもしれないが、その場合でも、出席者との会議前の事前協議は不可欠になる。そうすることによって、有効で建設的な意見が会議の場で出ることを期待することができる。

前述したように、「特定鳥獣保護管理計画」等の委員になった場合、与えられる情報は極めて限られており、そこで発言できる内容は、特定計画の構成要件を満たしているか、計画全体に齟齬がないか(アダプティブマネジメントの要件を満たしているか)など、表面的なアドバイスしかできないことがほとんどである。逆に言えば、行政側が望んでいるのはそのレベルのアドバイスであり、都道府県の野生動物管理全体にかかわる抜本的な改革や体制づくりへの助言、あるいはプランナーやコーディネーターの配置などについて、真剣に議論するということを望んでいるとはとても思えない（時間的にも、極めて限られている場合が多く、そのようなことは現実的にも不可能といえる）。

都道府県は、北海道や兵庫県のように、センターを作るということは無理としても、形式的な「専門家」委員会ではなく、自分たちの理想を実現してくれそうな研究者を精査して、真摯に協力を依頼すべき段階にきていると思う。もちろん、前述のようなプランナーやコーディネーターがすでに存在していて、彼らが優秀なら研究者は必要でないかもしれないが、研究者の視点は一人ひとり異なることが多いので、必要なときにアドバイスをしてくれる研究者が複数いるに越したことはない。抜本的な組織改革を検討しなければ、野生動物の管理体制は改善されず、被害問題も解決には向かわないだろう。

同様のことは市町村にも当てはまるが、市町村ではまず、いまある被害を止めることが最優先課題になるので、優秀なコーディネーターを雇用することをまず考えたほうが、よい結果を生む可能性が高い。それと並行して、都道府県のプランナーと連携をとりながら、広域の野生動物管理にも目を向けられればなおよい。

自分自身は、あちこちの行政職員とかかわる中で、被害問題解決に向けた熱意や自分に課せられた使命の感じ方には、行政職員の間で非常に温度差があることを知った。ただ幸運にも、とても前向きに問題を解決しようとする多くの都府県や市町村の行政職員とかかわってきた経験が多く、それは、いまのわたしの貴重な財産となっている。

3 研究者は具体的にどうすべきか

研究者の中には、野生動物管理や被害問題に正面から向き合おうとしている人たちも潜在的にはたくさんいる（と思う）。しかしながら、「必要な情報を得る」「地元住民と直接対話して、重要な課題を抽出する」というような作業ができないと、いくら本気になっても問題解決の糸口を発見することは難しくなる。その結果、本当に有効なアドバイスができないという問題が起こりやすくなり、研究者は行政関係者から農家からも信用を失うことになる。また、研究者が紹介する成功事例や提案なども、現場の事情が十分考慮されていなければ、理想論としてみなされがちになり、研究者に対する不信感を引き起こしてしまう。

自分の経験から言えば、行政は、もし被害問題に本当に熱心な研究者がいるのなら、彼らの望む情報をできるだけすみやかに提供すべきである。どの程度の情報が得られるのかによって判断が変わることもあるし、同じような経験がなくても、いまある情報の中で最善の方法を提案してくれるだろう。

研究者の側のモチベーションも、自分が行政のやることにどこまでかかわれるのか（計画立案や予算作成、事業計画の内容や人材育成プログラムの存在、被害問題を解決するための組織や体制作りなど）によって、大きく変わる。時々刻々の判断についても同じである。また、行政の中に、専門職（プランナーやインタープリター）はいるのか、もしいるとしたら、どの程度、現状と課題について意見を交わすことができるのかなども、重要なポイントになる。

ここまで書いてきたことは、かなり理想的なことである。現実には、そのようなことができない中でも行政職員は限られた時間の中で努力している。だが、研究者側からみると資金や労力や時間のかけかたがうまくないと感じることがある。

第六章に、野生動物による被害対策の予算は、財政担当者に理解しやすい捕獲と集落防護柵に集中してきたと述べた。この事実一つとっても、「本当に被害軽減を望んでいるのだろうか」と思わざるを得ない。この二つは、シカやイノシシには有効な方法だが、捕獲の効果は即効性ではなく、その効果そのものも、科学的な検証がまだまだ不十分なので、どの程度なのかはいまだによくわかっていない。集落防護柵については、設置より維持管理にはるかに時間と労力がかかるが、それができる体制が集落にあるかどうかと、維持管理の支援体制ができているかの確認が重要なポイントになり、それが不十分なところでは被害軽減に失敗に終わることが多い。

もし、わたしがかなりの権限がある行政担当者なら、まず（たとえ任期付きでもよいので）プランナーやコーディネーターを雇用して、特定の地域で被害防止に取り組み、成功事例を少しずつでも広げてゆくとともに、その成果が当該地域や市町村あるいは都道府県全体にわかるような広報活動を行なうだろう。それと並行して、各地でおこなわれている森林育成のための緑税と同じような特別な課税制度（鳥獣対策税など）を設けて、予算の拡大を図るようにする（被害対策には必ず予算が必要だからだ）。

その上で、即効性の高い個別防護柵を狭い地域に効果的に設置することや、集落単位の勉強会を重ねて集落リーダーを育成したり（滋賀県方式）、効果的な追い上げが効率的におこなえるような母体（営農組合など）を手掛かりに、地元の手に被害対策の主体をゆだねる（三重県方式）ようにしてゆく。つまりこれまで書いてきたようなことを実践に移して、被害対策が自然に広がってゆくような事業展開を図るのだ。

ほんとうに被害軽減を望むのなら、なぜそのような施策が展開できないのかを、行政はもっと真剣に考えるべきである。前述したような、シカによる下層植生被害がもたらす生物多様性の劣化の問題や、集落や市街地にクマが出没することによる安全上の問題が大規模にならないうちに、地域の特色に根差した被害対策の体制づくりを目指すべきである。

4 被害対策を目的とした技術開発とモデル事業づくり

野生動物の研究者がいまもっとも貢献できることがあるとすれば、一つは被害対策にかかわる技術開発であり、もう一つは社会的実験を目的としたモデル集落づくりだろう。

前者については、被害対策機器を開発してきた業者がこれまで中心的に行ってきたものだが、農林水産省などの事業を活用して、行政の研究機関が業者と共同で開発した機器が相次いで開発・公表されるようになってきた。そこでは技術開発と利用者からのフィードバックを受けた洗練化が行われ、従来の技術と一線を画したものが生まれている。

後者については、従来から都府県の研究開発機関や普及機関がさまざまな形で取り組んできたことである。残念ながら、これらの取り組みに不足していたのは、モデル事業の成果検証と検証結果を生かして新しい取り組みを推進するという体制が不十分であったことである。言いかえれば、せっかくモデル事業を実施しても、その結果を多面的に分析し、問題点を詳細に検証して改良する過程が行政内部ではほとんど存在しないために、成果が十分活かされてこなかった。

野生動物の保全と管理でもっとも重要なことは、結果の検証とフィードバックによる改良（順応的管理）である。その中で研究者がもっとも貢献できるのは、国や都道府県・市町村が行なう事業の検証とそれを踏まえた次のステップへの提言である。それはいまだにほとんどの地域で実現されていないように思う。

コラム

column

行政による研究者の活用方法

行政が被害対策の専門家を活用する場面は、大きく分けると以下の三つになると思う。一つは、被害を出している野生動物の行動や生態、あるいはそれに対する被害対策を、大規模な会場で講演してもらうという場面である。これは、その地域の住民や、被害問題にかかわっている行政機関の職員や農協職員などに、被害を出している野生動物の行動や生態について基本的な情報を与えることと、被害に対応するための一般的な考え方や基本的な被害対策を紹介することを目的とするものである。このような活用方法は、全国各地で頻繁に行われており、地域全体に問題意識をもってもらって、これから被害対策に本格的に取り組む姿勢を行政が示すというキックオフ的な意味合いが強いものである。沈滞した状況を打破したり、新しいチームやプロジェクトを立ち上げるきっかけ作りとして、講演会や勉強会を開催するときに研究者を活用するのは、いままであまり深く考えたことがなかった野生動物の問題について、農家や農家以外の地域住民が気づく機会になる可能性もある。講演会を開く場合には、事前にその地域の農業経営のあり方や地域の実情を説明し、できれば事前の現地視察もおこなって、それを踏まえた講演をするように依頼するべきである。

もう一つは、被害問題の解決方法を直接的に指導してもらうという場面である。こちらは、被害地域での小規模な研修会や勉強会で基本的な座学をしてから、実際に被害現場を視察して、具体的な提案をしてゆくというものである。こちらの方法も、やはり全国各地で行われており、画一的なマニュアルに沿った指導方法の開発も進んでいるが、地域農業や経済の現状を背景にして、どの程度具体的な提案ができるかどうかについては、講師の技量や経験が問われるところもあり、かなり専門家の負担が大きいものになることもある。

最後の一つは「特定鳥獣保護管理計画」をはじめとして、野生動物の保全と管理にかかわる計画や事業を展開するときに行政が開催する「専門家」会議のようなものの委員に任命するということである。わたし自身もいくつかの県で、そのような会議の委員になった経験がある。その経験を踏まえて、あえていうなら、あのような会議は被害問題解決にはほとんど役にたたない（野生動物管理全体については、重要なことがらが話し合われることはあるので、まったく無駄というわけではない）。外部の研究者は、与えられた資料にもとづいて、自分の言いたいことや考えていることを述べるだけであり、現場の実情や、現場でできることとできないことの区別、集落住民の意見や対応する職員の体制や数、能力などを、ほとんど知ることができない。その結果述べられる意見は、一般論や理想論が多くなり、いずれにせよ（現場担当者から見れば）あまり生産的ではないやりとりが続くことになる。

もしこのような場面で、研究者をほんとうに活用したいと考えるなら、それに先立って、先ほど述べたようなプランナーやインタープリターといった「専門職」を雇用したほうがよい。前述したように、専門職には、研究者との橋渡し（情報収集と意見聴取および必要に応じた現場対応）を一任し、やるべきことに優先権をつけて長期的な視点で、野生動物管理体制を構築することを目指すべきである。

第10章 農家と都市住民
──新たな関係構築の必要性

ここまでは、被害対策においては農家が意思決定者であり、行政や研究者はそれを支援する立場であるということを強調してきた。この章では、農家と都市住民との関係について検討したい。その後、二〇一五年に設立された特定非営利活動法人「さともん──里地里山問題研究所」を例に取り上げて、農家と都市住民の新たな関係構築の可能性について言及する。

1　生産者としての農家と消費者としての都市住民

都市住民にとって農家は、一義的には農産物を生産し供給してくれる、わたしたちの生活に欠かすことのできない存在である。しかしながら、そのような重要な存在である農家について、日々の生活の中でどれだけの人が意識しているかといえば、おそらくほとんどないのが現状ではないだろうか。もちろん、飲食街にゆけば「○○特産の△△！」といった商品が写真入りで紹介されていたり、特産物店などでその出自が示してあることもある。ただ、農家の日々の暮らしについては、メディアなどを通じた情報はほとんど流れてこない。当然、獣害に苦しんでいる現状も然りである。

農産物が安定して供給されるためには、その生産者である農家自身の生活が安定する必要がある。だが、現在の農業政策においては、農産物も市場経済の原理に従って供給されるものであり、気候不順や自然災害による収穫物の減少、市場価格の変動による収益の変動などに、農家は絶えずさらされている。そこでは、労働に見合う対価の支払い、いわゆるフェアトレードは保証されておらず、市場価格の下落による収穫物の廃棄は日常茶飯事のこととなっている。さらに、農作物そのものの品質についても、過剰ともいえる規格の設定から起こる出荷制限もあり、規格外の農作物は道の駅をはじめとする直販場での販売などで、その一部は消費されるものの、農家自身の生活の安定にどれほど寄与しているかはさだかではない。

このような不安定な生産体制の中で、農家の生活安定のために必要なことは、過剰な品質管理の見直しや、不安定な生産体制のなかで品質が保証された農作物を受け入れる消費者の存在、直売所のような市場原理による販売以外の販路の確保であろう。それには、「より安く見た目のきれいな」農作物を求めるのではなく、「春夏秋冬の旬に沿った、安全でかつ地産地消の」農作物を求めるということが重要であり、そのためには消費者である都市住民の大幅な意識改革が重要になる。

年中キュウリやトマトがならぶスーパーは、それがたとえ安価であっても、海外からの遠距離輸送や温室栽培などが不可欠な環境負荷の高い生産物であり、日本の農家への圧力になっていることを感じることが、都市住民と農家をつなぐ一つの道ではないだろうか。

2 生態系サービスの守り手としての農家

都市住民にとっての農家のもう一つの側面は、里地里山（以下、里山）の保全、すなわち二次的自然における生物多様性の維持の守り手という側面である。里山は、少なくとも高度成長期がはじまる以前は、独自の二次的自然を発達させていた。それは、機械化以前の農業によって、物質循環に支えられた生態系サービスを提供しており、生物多様性の高い自然を維持していたと推測されている。都市住民は、都市にいる限りその恩恵には直接あずかれないものの、農村部にゆけば豊かな自然の恵みとともに、多様な動植物の存在を享受することができることができた。

ところが、日本にも産業革命の波とともに農業の機械化がはじまり、それまで労働力として確保されていた若者の都市部への流出などにより、過疎化・高齢化が進行しはじめた。それまで維持されていた物質循環に支えられた生態系サービスは、人口減少・高齢化に伴う集落機能の衰退とともに低下し、二次的自然を利用する動植物の絶滅とともに生物多様性の減少が進行し、現在に至っている。集落内の自然環境も、圃場整備等により大幅に変わり、外来生物の侵入や開発行為等により、里山そのもの景観も大きく変貌を遂げている。

わたしにとっては、ごく当たり前だった田舎の風景は、もうすでに過去のものとなってしまった。現代の若者にとっては、それは経験したことのない風景であり、それを復活させることはもはや不可能といってよいかもしれない。しかしながら、それでもなお昔の景観を維持している地域も数多く存在することから、都市住民が支援者として何ができるのか、模索する動きも各地で現れはじめている。それは、失われた二次的自然における生物多様性の復活であり、生態系サービスの回復と維持という難題でもある。この難題を解決するには、まず過疎化・高齢化によって失われつつある集落機能を回復するとともに、都市から農村部へ移住・定着するというしくみを構築することが不可欠になる。そのような活動を行っている特定非営利活動法人「里地里山問題研究研究所」を、次に紹介する。

3 さともん——特定非営利活動法人「里地里山問題研究所」

「さともん」とは、「人と野生動物が共生する豊かな里地里山を継承するために、最前線で獣害に立ち向かう地域・人々の取り組みを、さまざまな人で支え合うしくみづくり」を行なうために設立された、特定非営利活動法人「里地里山問題研究所」（以下、さともん）のことである。

まず、この法人の目的だが、「さともん」が目指しているのは、「市町村と連携して集落の獣害対策を支援する」だけでなく、「獣害対策をきっかけに地域を元気にし（中略）獣害から守り継承していきたい魅力的な地域資源を発掘して、都会のニーズとむすびつけることで、地域と支援者をWin-Winの関係で結んで」ゆくことである。その中でのさともんの役割は「地域の豊かな『里の恵み（里もん）』をさまざまな人で共に守り、わかちあい、継承するネットワークづくりを行なう」こととなっている。

最近、野生動物による農作物被害の増加に伴い、被害問題にかかわるＮＰＯや調査会社が増えつつある。その中で、なぜ「さともん」を紹介するかというと、農家と都市住民との関係の新たなあり方の一例を実際に実践している団体だからである。以下、「さともん」のリーフレットに沿って、彼らの活動を紹介する。

4 さともんネットワークの六つのステージ

「さともん」の活動は、「しるもん」「みるもん」「するもん」「たべるもん」「まもるもん」「すむもん」という六つのステージから成り立っている（図10）。

まず最初にあるのが「しるもん」というステージである。具体的には、メールマガジンなどを通じてさまざまなイベントなどの情報を受け取るところからスタートする。次に、それらの情報を受け取った都市住民、あるいは中山間地域に住んでいても、農業に関係のない人たちが、農村ならではのイベントを通じて、農村の現状を知るのが「みるもん」というステージである。その後、里もんオーナー制度に参加し、地域の豊かな里の恵み（里もん）を獣害からともに守り、継承するためのオーナーになる「するもん」、獣害から守った安全安心な農産物を購入して、農村地域を支える「たべるもん」、地域で農家とともに活動する「まもるもん」という各ステージを経て、最終的に、農村部に移住する「すむもん」に至る。もちろん、すべての人が最後までゆく必要はなく、自分にあったステージで活

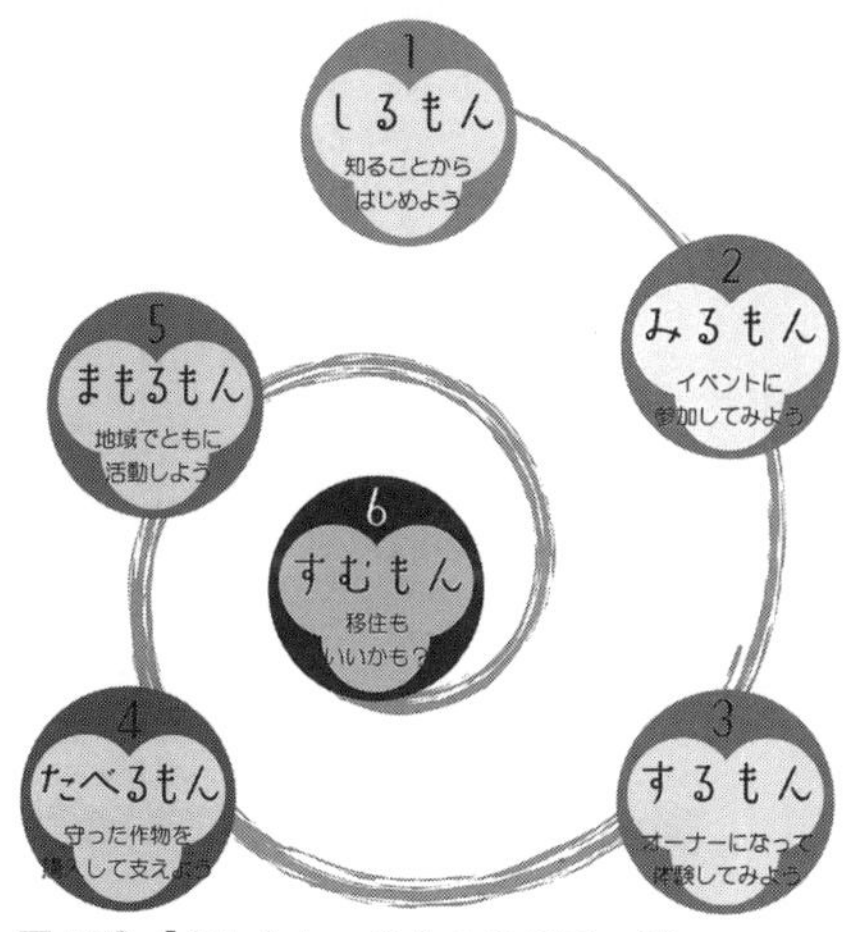

図 10●「さともん」の六つのステージ
「さともん」のリーフレットより

動に参加することが可能になっている。

　リーフレットでは、豊かな日本の里地里山を、守り伝えたい宝と位置づけ、豊かな自然と調和した人の暮らし、長年継承されてきた伝統・文化、美しい景観、熟練した生産者による新鮮で良質、安全・安心な農林産物などを例示している。その上で、里地里山が「獣害問題」によって存続の危機に立たされていることを指摘し、農山村に押し寄せる高齢化や人口減少、後継者不足、獣害対策の継続性の困難さなどをその理由に挙げている。

5 都市住民との情報の共有化とネットワークづくり

「さともん」の優れているところは、獣害対策や野生動物管理に特化せず、日本の里地里山にかかわるさまざまな情報の共有化を都市住民などと図ることによって、日頃感じることのない世界が、実は自分たちの日常生活を支えてきた、あるいは現在も支え続けていること、その里地里山が過疎化・高齢化や獣害などによって存続の危機に立っていることを伝えようとしている点である。こういった情報は、新聞やテレビなどのメディアに取り上げられることはなく、研究者が書いた一般向けの書物にかろうじて顔を出す程度であるため、ほとんど知られていない。そのため、野生動物と人との軋轢の問題は、地球温暖化や生物多様性の喪失といった地球規模の社会問題に比べ、格段に認知度が低く、かつ地域差が大きい。しかしながら、野生動物をめぐる問題は、世界各地で発生しており、軋轢解消に向けてさまざまな試みが行われている大きな問題であり、被害者である農村部の地域住民だけに委ねられる問題ではない。そのような問題に対し、都市住民が気軽に参加できるような枠組み（ネットワーク）を作り、この問題にかかわる人のすそ野を広げようとしているアプローチは、長年この問題にかかわってきた、さともんの代表者である鈴木克哉氏ならではの着眼点だろう。

もう一つのポイントは、さまざまなイベントやオーナー制度によって、自分が当事者になることで、問題の深刻さや複雑さを実感させることにより、地域をともに守るという意識づけを図っている点である。当事者意識を都市住民にも持たせるということは、現実には非常に困難なことだが、それを克服するために、だれにでもわかるようなステージを設定して参加しやすくしているところに工夫がみられる。

野生動物と人との軋轢の問題については、さまざまな個人や団体が全国各地で活躍しており、一部ではネットワークを作って情報交換などをおこなっているが、都市住民への広がりは限られているのが現状である。過疎化や高齢化が急速に進行しているなか、地域に根差した活動をしている個人や団体がつながってゆくことによって、知識や技術を全国的に広げてゆくことだけでなく、都市住民とのつながりを積極的に模索し、共通理解を深めてゆくことが、これからは求められるのではないだろうか。

第11章 野生動物との新たな関係の構築をめざして

先進国や発展途上国を問わず、いま世界中で、人と野生動物はなんらかの形で問題を引き起こしており、それに対する対策が日々講じられている。ここでは、日本における野生動物と人との関係について、さまざまな問題を提起するとともに、今後の在り方について考えてゆきたいと思う。

1 野生鳥獣は山の恵み——地域住民の資源とその価値の再認識

最初の章で書いたように、野生鳥獣はもともと地域住民の資源だった。食料として、薬品として、あるいは日用品として、さまざまに利用できる存在であると同時に、同時代を生きる同じ生き物として、存在そのものが貴重な資源だったのである。それは、生物としてのヒトから定着型の動物としての人にかわわっても、ずっと長い間続いていた。

それが、エネルギー革命をきっかけとした人間の生活形態の変化とともに、人と動物との関係がどんどん疎遠になり、やがてお互いにほとんど無関係になるか、一部の中大型の野生動物とは敵対的な関係があらわになるようになってきた。それでもなお、日本のような工業国で多くの中大型の野生動物が生息していることや、生物多様性が高い地域が数多く存在していることは、日本人と野生の動植物とのゆるやかな共存関係の豊かさを象徴している。

しかしながら、急速に進みつつある過疎化と高齢化によって、山間部の集落機能が崩壊し、集落そのものの存続が危ぶまれている今日、集落が維持してきた二次的自然の生物多様性を支えることが、わたしたち全体に与えられた重要な課題であることを、もう一度広い視野で位置づける時期に来ている（すでに農村集落の存続については、さまざまな議論がなされているので、そちらの文献を参照してほしい）。農村集落の問題については、多様な解決策が模索されており、その内容は多岐にわたるが、柔軟性や可塑性に富み、行政と集落住民あるいは部外者（NPOや研究者）などの多方向的なコミュニケーションを重視するガバナンスの提案が多いように感じる。少なくとも、いまの鳥獣行政のような、行政から集落住民への一方向的なガバナンスを推奨している例はほとんどない。

都会の人々にとってはまったくといってもいいほど無関係のような野生鳥獣だが、年々増え続ける自動車事故や列車事故のことは前述したとおりである。日本の農村部や中山間地域とよばれる地域では、日常茶飯事になりつつあることであり、それは、規模こそ違うが、「地球温暖化」や「生物多様性の保全」と同じくらい、わたしたちの将来に関係するできごとといえるだろう。個人的には、人や車だけでなく動物の存在も気にしながら運転する状況を想像するだけで、運転の負担感が倍増する気がする。このまま人間の生活範囲への野生動物の進出が続けば、やがて大きな問題としてニュース等でどんどん取り上げられる事態になるだろう。

これから少子高齢化が進み、山間部から人が撤退してゆくとどうなるか。以前は、研究者の一部でさえ「そうなれば野生鳥獣問題はなくなる」と嘯いていたが、現実的に考えれば、野生動物と人との境界がどんどん人側に移動してくることになり、なくなるわけではない。むしろもっと複雑化し、解決が困難な問題としてわたしたちの前に現れることになる。都市部への野生動物の出現は、頻度こそ低いが、もうすでにはじまっている。ニホンザルと近縁の仲間であるカニクイザル（タイ）やアカゲザル（バングラデシュやインドなど）では、市街地への進出はすでに定着化している。

野生動物の市街地への進出は、いまは偶発的な「面白い」ニュースとして取り上げられているが、現実にこの問題が大きくなったときに、わたしたちはどう対処するのか、いまから考えはじめても遅くはない。地域住民の資源から市民の共有財産としての野生動物になるのか、それとも敵対すべき存在として排除してゆくのか、さまざまな観点からの議論が不可避の問題として、わたしたちに突きつけられる日も遠くないと思う。

2 国策としての鳥獣行政の移り変わり

日本の鳥獣行政は、「保護」と「増殖」を基本としてはじまった。戦後の雌ジカの禁猟措置やヤマドリの放鳥などに、その精神が表れている。だが、欧米のように、個体数を管理するとか、生息地を整備するといった、いわゆるワイルドライフ・マネジメントの考え方は、以前はまったくなかった。たとえば、シカによる農作物被害の拡大に対応して集落防護柵の設置を推進しているにもかかわらず、一方で雌ジカの禁猟解禁をしなかったという事例は、計画性のない場当たり主義の鳥獣行政の象徴とも言えるものである。

本来なら、野生動物の研究者が、行政に対しさまざまな助言をすることによって、科学的な野生動物管理体制の確立を目指すべきだったのだが、そのような制度が導入されたのは、いまからわずか十数年前の、一九九九年の鳥獣法の法律改正による、「特定鳥獣保護管理計画制度」が最初だった。

もちろんそれまでも、鳥獣の保護管理に関する指針は五年ごとに国から発表され、それに基づき都道府県は、五年ごとに鳥獣保護管理計画を立てていた。しかし、その中身はおもに狩猟に関することであり、野生動物の生息状況を把握して管理するという発想は、文言としては盛り込まれているものの、実効性はほとんどなかった。その結果、科学的なデータの集積は、一部の種や地域を除いては、ほとんどおこなわれていなかった。

一九九九年の鳥獣法改正による特定計画制度は、それまでになかった科学的な視点を野生動物の管理に導入するという画期的なものだった。特定計画制度は、「成すことによって学ぶ」という順応的管理を基本的な柱としており、「不確実性」が高く「非定常性」のある野生動物の管理に対して、それを少しずつ科学的なものにしてゆくという精神のもとにはじめられた。ただ、策定を義務付けられていない任意計画であり、制度の定着を支援するために必要な人材的・経済的支援や仕組みづくりについての具体的な計画は、何もなかったため、多くの都道府県では計画は策定したものの、内容が不十分であったり、関係諸機関との調整が不十分で実現可能性が低かったりして、実効性が乏しいものが多くなってしまっているのが現状である。

3 法律改正による「科学的な野生動物管理」の導入と被害問題との乖離

特定計画制度では、すべての野生鳥獣が対象ではなく、「著しく増加している」か、もしくは「著しく減少している」種しか、対象とはならなかった。言い換えれば、農林業被害を出している種を狙い撃ちした改正だったのである。

日本にはほかにも、タヌキやキツネ、テンやイタチなど、さまざまな野生動物がいる。土の中にはもっとたくさんの種類のモグラがいるし、ネズミやコウモリの仲間もたくさんいる。本来なら、そのような種も含めた野生動物管理の制度が考えられるべきだと思うのだが、日本では発足後一六年経ったいまでも、そのような動きはまったくない。もちろん、被害対策で労力も予算もないというのはわかる。だが、「生物多様性の保全」が地球全体の問題となっている現代において、被害問題にかかわる鳥獣にだけに時間と労力と予算を費やすのは、あまりにも狭小な考え方である。なぜなら、加害獣種の動向は、ほかの種類にも当然影響するからである。

この制度のもう一つの問題点は、個体数管理を重視する一方で、生息地管理や被害管理について、ほとんど具体的な方針や目標を打ち出していない計画が多いことである。これは、個体数管理が、環境省が所管する鳥獣行政の範疇に限定できるのに対して、生息地管理や被害管理が、部局横断的な施策や事業を必要とすることと無縁ではない。とくに被害管理は、幅広い部局との連携が必要な分野なので、具体的に計画に盛り込むための調整がかなり困難なため、きわめて簡素な記述やスローガンだけが計画に書き込まれていることがほとんどである。

シカやイノシシなどでは、被害軽減の手段として個体数管理が重視されるために、個体数推定の手法や捕獲方法の検討が大きな課題としてこの数年間で大きく取り上げられてきた。一方、サルの被害管理では、個体数管理はそれほど重要な課題にはならない（第七章参照）。もちろん、大規模な被害が続き、群れの個体数が一〇〇頭を超えるような状況になれば、計画的な個体数調整が必要になるし、人家進入や咬傷被害などを繰り返す悪質な個体が出現すれば、迅速な捕獲が必要になる。だが、そういった問題がないのなら、被害を出す群れを特定し、農家自身が中心となって有効な被害対策を実施することが、もっとも重要になることは、これまで述べてきたとおりである。その意味では、シカやイノシシと、サルやクマとは、まったく違う特定計画が策定されるべきだし、それを支える体制も大幅に異なって当然なのだ。だが、多くの都府県では、その違いがあまり意識されていない。

4 「鳥獣による農林水産業等に係る被害の防止のための特別措置に関する法律」の制定

その後も、野生動物による農林業被害が軽減しない現状を受けて、二〇〇七年、議員立法によって「鳥獣による農林水産業等に係る被害の防止のための特別措置に関する法律」（以下、特措法）が制定された。これによって、農林水産大臣が被害防止施策の基本指針を作成し、**市町村**が野生鳥獣による被害防止計画を、独自で立てることができるようになった。

この計画では、市町村は防護柵の設置や被害を発生している野生動物の捕獲などについては、**都道府県との協議**をすれば、自由に実施することが可能になり、一定の範囲の予算措置も図られた。この法律の成立によって、特定鳥獣保護管理計画は特措法の下位に位置づけられるような形となり、都道府県は、市町村にデータや技術を提供し、被害防止に協力するだけでなく、必要に応じて**科学的データに基づいて策定された特定保護管理計画を修正する**ことが義務づけられ、ますます特定計画は形骸化してしまうことになった。

たとえば、市町村からの要望があれば、特段の理由がない限り捕獲権限を委譲すること、捕獲個体数を自由に決められることなど、特定計画の内容に無関係に市町村が被害対策を実施することが理論上は可能になった。現実には、都道府県と市町村が協議をしながら対策を進めているのが現状なので問題ないという声もあるが、意見が分かれた場合どうなるのか、制度上は予断を許さない体制になっている。

5　ふたたび法律改正による捕獲体制の大転換——地域から切り離された野生鳥獣はどこへ行くのか

そんな中、二〇一四年、「鳥獣の保護及び管理並びに狩猟の適正化に関する法律」が改正された。その中で、特定鳥獣保護管理計画制度が大きく変更され、「保護」する獣種と「管理」する獣種にわけて計画を立てることになった。管理上、「適正な」個体数の水準をどのように定めるかによって「保護」するのか「管理」するのかが変わるのなら、このようなわけ方は混乱を招くだけである。

今度の改正に伴い、特措法のほうでも、捕獲に関していくつか変更された事項がある。たとえば、地域住民で構成される従来の猟友会以外に、あらたに「捕獲の専門家集団」を結成して、捕獲に従事できるようになるとか、特定の条件下での夜間発砲が許可されるといったことである。この改正によって、従来より捕獲がやりやすくなることが期待されている。

ただし、詳細に検討すると、現実には現場でやりやすいように条件が緩和されているとは限らないことがわかっている。何より問題なのは、それまで地域資源としてゆるやかな共存を図ってきた地元住民と野生動物とのつながりが、改正によって断ち切られることになる可能性があることである。「捕獲の専門家集団」の出現が地元にどのような影響を与えるのかは、まだ不透明だが、綿々と続いてきた人と野生動物との関係に大きく影響を与えることは、間違いないだろう。

6 「敬して距離を置く」関係を取り戻すには

被害管理は軋轢管理（conflict management）ともいわれている。農業がはじまって以来、人と野生動物はつねにさまざまな軋轢を生んできた。軋轢の状況や強さは、地域によってさまざまであり、一概にまとめることはできない。たとえば、東日本では、集落の奥に大きな山岳地帯があり、人為的影響の比較的少ない地域で野生動物が生息できる状況がある。一方西日本では、山が浅く、かつ山の奥まで集落があるところが少なくない。そういった中で、地域住民は野生動物と共存する方法を模索してきた。

野生動物と一口にいっても、サルとシカやイノシシ、ツキノワグマとでは、生態も行動もずいぶん違う。だが、被害対策としてやるべきことには、かなり共通点がある。その中で、理想とすべき共存の形は、冒頭で述べた「敬して距離を置く」ことである。そのために、個体数調整や生息環境の整備、そして被害対策という施策が、いまも全国各地で展開されている。ただそれが、その種にとって最適な方法なのか、明確な目標を立てて、実行可能な方法で施策が展開されているかは、ほとんどの人には知らされていない。

そんななかで、唯一確かなことは、「敬して距離を置く」関係を作るのに、もっともふさわしい人たちは、農家や集落住民だということである。農家の毎日の作業を少し変えることで、新しい関係に少し近づくことができる。都道府県や市町村などの行政は、「効率化」や「集約化」を考えるだけでなく、農業の担い手である農家による被害対策を支援することに、もっと力を入れてほしい。それが、地域農業の活性化や、将来への期待を生み出すもとになるからである。農家が主体的に被害対策にかかわること、それを適切な方法で行政が支援することによって、野生動物による被害問題は解決することができると、わたしは信じている。

コラム column

遅すぎた雌ジカ禁猟の解禁

野生動物との最初の軋轢は、林業被害という形で起こった。植林地に植えつけたスギやヒノキの苗を、シカやカモシカが採食してしまうというものだった。彼らにとっては、自分たちが棲んでいる土地に生えているものだから、食べてしまうのは当たり前なのだが、それを植えた人にとっては被害になってしまう。その当時は、まだ個体数の少なかったシカやカモシカの駆除を少しでも減らすために、苗にネットをかけたり、林地をネットで囲んだりする対策が自然保護を志向するボランティアの人たちによって行われたりしたが、効果については賛否両論だったと思う。

それが、八〇年代になると、植林地だけでなく、集落の近くにまで来て農作物を食べるものが現れはじめた。北海道をのぞけば被害を出すのはイノシシとサル、そのほかの中型哺乳類だけだったが、九〇年代に入るとシカも集落に現れるようになり、被害地域は北上し、全国に広がりはじめた。

このときに、全国で導入されはじめたのが集落防護柵である。これは集落全体を物理的な柵で囲うことによって、集落内に野生動物が入るのを防ごうという発想から出たものだった。少し考えれば、集落が孤立していない限り、集落防護柵というものには、かならず抜け道ができることはすぐわかるのは、第三章に書いたとおりである。にもかかわらず、膨大な予算が集落防護柵に投入され、いまも投入され続けている。宿命的な欠点に対する有効な解決策（防護柵の周辺での捕獲、設置方法の工夫等）は、いくつか実践されているが、根本的な解決策はいまも呈示されていない。

集落防護柵は、当初はたしかにある程度の効果を発揮した。しかし、前述したように、維持管理の担い手が集落からどんどんいなくなってゆくなか、その機能を維持することは困難になりつつある。さらに問題なのは、放置された集落防護柵は里山と集落とを隔てる新たな粗大ごみとなり、これまで綿々と続いていた里山と集落の結びつきを断ち切る象徴になっていることである。とくに積雪地では、強固な防護柵の残骸があちこちに残っており、巨額の費用と労力が無駄になったという現実を見せつけている。

このような柵を作る一方で、野生動物の捕獲数は急激に増加しはじめた。ところが、メスジカ増加の危険性に気づいた北海道や兵庫県のような一部の自治体を除いて、メスジカの狩猟だけは環境省がなかなか解禁せず、その結果メスジカは全国でどんどん増えはじめて現在に至っている。環境省の平成二三年の報告では、全国（北海道を除く）で約二六一万頭いると推定されているが、増加数に捕獲数が追いついていないので、今後も個体数は増加することが予想されている。そのため、いまは捕獲技術（捕獲檻や射撃方法）の開発に、さまざまな自治体や団体がしのぎを削って何とか増加を食い止めようとしている。

シカが増えることによる最大の問題は、もうすでに述べたように、農林業被害はもちろんだが、下層植生を採食することによって森林更新を妨げること、植生だけでなく落葉を採食することによって土壌流亡を引き起こすこと、生物多様性の喪失などの問題が発生することである（これらの問題については、参考資料のシカ問題にかかわる図書に詳細が述べられている）。いま西日本をはじめとする多くの山々で、実際にこのような問題が起きはじめている。さらに、日本全国各地で希少種に指定されている植物を採食することにより、屋久島などに生息する島嶼性の固有種や高山植物も危機にさらされている。

　希少種の問題については、特定の地域ではすでに対策がはじまっているが、多くの地域ではほとんど放置されている。また、防災上の問題については国や都道府県などの行政機関では議論さえはじまっていないのではないだろうか。近年の異常気象とあいまって、近い将来全国各地で森林の更新阻害や生物多様性の喪失が多発することが予想されるが、それに対する対策もいまのところニュースや紙面上に現れることはほとんどない状況である。

あとがき

一九九〇年代後半からサルの被害問題に取り組みはじめて二〇年経った。二〇〇三年に「里のサルとのつきあうには―野生動物の被害管理」(京都大学学術出版会) を書いたころは、被害発生の原因と拡大プロセスについてはようやくわかりはじめたころだったが、「ではどうすればよいのか」というところにはまだほとんど踏み込めていなかった。とくに、被害を減らす方法がわかっているのに、なぜなかなか被害がなくならないのか、被害軽減に効果的でない対策に、なぜ行政が労力と資金をつぎ込み続けるのかが実感としてわかるには、さらに数年が必要だった。

その間に、「集落をサルの餌場にしない」「獣害に強い集落作り」といった、農家や集落をターゲットにした被害対策のスローガンは、全国的に広がりを見せたが、被害そのものの軽減にはなかなか結びついていない。特定の地域での被害軽減の成功例や、安価で効果的な新たな防除技術の開発、集落全体での取り組みの方法論や、なぜ集落がまとまらないのかといった課題の指摘など、単発的な成果はかなり進んだが、全体を俯瞰すると、被害軽減の取り組みが大きく進んだと言えるような状況には、いまだに至っていない。

この二〇年間で、野生動物の保全や管理の調査研究や被害防止技術、あるいは捕獲技術や殺処分の技術は、ある意味ずいぶん進んだ（参考文献・HPを参照）。それでも、全国的にみれば、きちんと体制を整えて野生動物管理を行っている都道府県は数えるほどしかない。いま懸念されることは、野生動物管理と称して捕獲をどんどん進めることで、捕獲さえしていればそれが被害対策だという風潮が定着することである。それは、西日本を中心としてクマやサルが絶滅してしまう地域が広がる可能性があることを意味している。そうなる前に、この本が、人と野生動物との本来の関係、すなわち「敬して距離を置く」という関係を取り戻せる一助となれば、これに優る歓びはない。

最後になったが、この本はたくさんの人の支援がなければできなかった。数多くの現場で実証試験を一緒にしてくださっただけでなく、普及という手法の重要性を指摘してくださった井上雅央さん（近畿中国四国農業試験場）の存在なくして、いまのわたしはないと思っている。また、以下の方々からは、原稿の一部あるいは全部に対して、貴重なコメントをいただいた。さまざまな共同研究でお世話になった山中成元さん（滋賀県農政水産部農業経営課）、追い払いという困難な手法を体系化し、集落全体の取り組みについてご教示くださった山端直人さん（元三重県農業研究所、現兵庫県立大学／兵庫県森林動物研究センター）、さともんの紹介をご快諾くださった鈴木克哉さん（特定非営利活動法人里地里山問題研究所）、動物福祉の立場から新しい動物園づくりに取り組んでおられる上野吉一さん（名古屋市立東山動物園)、東洋大学の同僚である金子有子さん(東洋大学文学部)、担当編集者である高垣重和さん(京都大学学術出版会)。また、JR西日本、JR四国からは、近年の野生動物との衝突に起因する列車の遅延について、NEXCO西日本からは、ロードキルの情報をいただいた。厚く御礼申し上げる。また、行政の立場から野生動物管理を考える機会を与えてくださった河合雅雄先生をはじめとする兵庫県森林動物研究センターのみなさんにも、心より感謝の意を表したい。

《資料一》関連法令・通達等のホームページ（ＨＰ）

1．環境省自然環境局：野生鳥獣の保護及び管理〜人と野生鳥獣の適切な関係の構築に向けて〜

<http://www.env.go.jp/nature/choju/>

このＨＰには、平成二十六年に改正された「鳥獣保護管理法：鳥獣の保護及び管理並びに狩猟の適正化に関する法律の一部を改正する法律の施行について（平成二十七年五月二十九日）(http://www.env.go.jp/nature/choju/law/law1-2/index.html)」だけでなく、「野生鳥獣の保護及び管理に係る計画制度」「野生鳥獣の捕獲」「鳥獣の管理の強化」「鳥獣保護区制度」「狩猟制度」「動物由来感染症について」「保護及び管理に係るさまざまな取組」「野生鳥獣に係る各種情報」など、大量の情報が掲載されているので、見ることを強くお勧めする。

2．農林水産省鳥獣被害対策コーナー

<http://www.maff.go.jp/j/seisan/tyozyu/higai/>

このＨＰにも「鳥獣被害対策事業関係」「鳥獣被害の現状と対策について」「野生鳥獣による農作物被害状況」「野生鳥獣等による被害防止マニュアル等」「鳥獣被害に向けた取組事例」「鳥獣被害対策優良活動表彰」「安全対策・注意喚起」「農作物野生鳥獣被害対策アドバイザーの登録・紹介」「鳥獣被害策関係研修について」「鳥獣による農林水産業被害対策に対する検討会」など、大量の情報が掲載されているので、見ることを強くお勧めする。

なお、このＨＰ内にある「鳥獣による農林水産業等に係る被害の防止のための特別措置に関する法律（平成十九年法律第一三四号）<http://www.maff.go.jp/j/seisan/tyozyu/higai/pdf/houritsu_seitei.pdf>」によって、都道府県の特定鳥獣保護管理計画とは別に、市町村は独自に被害防止計画を立てることができるようになった。またこの法律の施行に伴い、市町村には農林水産省からソフト・ハード両面に執行可能な交付金が交付されることになった。この法律は数回にわたり改正され、それに伴い被害防止計画や鳥獣被害対策実施隊の設置等が行なわれた。（最終改正：平成二十六年十一月二十八日法律第一三一号）

また、耕作放棄地／荒廃農地については、以下のＨＰに情報がある。

<http://www.maff.go.jp/j/nousin/tikei/houkiti/>

《資料二》各種サル用電気柵（行政もしくは大学が開発したもの）

①　獣塀くん＋獣塀くんライト（山梨県）

獣塀くんは、少し設置に手間はかかるが、比較的安価で、さまざまな獣種に対応できる電気柵である。獣塀くんライトは、その簡易版でさらに安価で設置もしやすい電気柵。

<http://www.pref.yamanashi.jp/sounou-gjt/documents/fence_1.pdf>

<https://www.pref.yamanashi.jp/sounou-gjt/documents/light20120711.pdf>

②　おじろ用心棒（兵庫県）

おじろ用心棒は、ワイヤーメッシュ柵の上に電線を張り、支柱に通電してサルが上らないようにした電気柵である。この柵も比較的安価で、サルだけでなく、シカやイノシシにも対応している。市販されているが、自作も可能である。<http://www.wmi-hyogo.jp/upload/database/DA00000080.pdf>

③　京都大学方式サル用電気柵（京都大学）

特別な形状の支柱を使って、上部だけに電気を通して進入を防ぐ、サル専用の電気柵である。これも市販されているが、自作も可能である。

<http://www.fukui-fibertech.co.jp/product/industry/nougyo/boujyu/monkey/>

④　まる三重ホカクン（三重県）

まる三重ホカクンは、携帯電話やパソコンから３Ｇ回線を使用することで罠の監視と遠隔操作を行う最新捕獲システムである。獣種や捕獲方法（ワナの種類）を問わず、利用できる。

<http://www.ise-hp.com/hokakun.html>

そのほかにも、各地で類似のものが開発されている。また、捕獲や殺処分についても、さまざまな技術が開発されている（詳細は、前述の農林水産省もしくは環境省のＨＰを参照）。

《引用文献》

藤田志歩（2008）繁殖にかかわる生理と行動　『日本の哺乳類学②中大型哺乳類・霊長類』　高槻成紀・山極寿一編　東京大学出版会　pp.100-122

半谷吾郎（2008）多様な植生帯への適応　『日本の哺乳類学②中大型哺乳類・霊長類』　高槻成紀・山極寿一編　東京大学出版会　pp.252-272

河合雅雄・林良博（2009）編著　動物たちの反乱―増えすぎるシカ、人里へ出るクマ　ＰＨＰ研究所　xxxpp.

環境省（2004）第6回自然環境保全基礎調査「種の多様性調査　哺乳類分布調査報告書」環境省自然環境局生物多様性センター　231pp.
<http://www.biodic.go.jp/reports2/6th/6_mammal/6_mammal.pdf>

環境省（2015）統計手法による全国のニホンジカ及びイノシシの個体数推定等について　<http://www.env.go.jp/press/files/jp/26914.pdf>

Millennium Ecosystem Assessment 編　横浜国立大学21世紀COE翻訳委員会　責任翻訳　2007　国連ミレニアムエコシステム評価　生態系サービスと人類の将来　241pp.

室山泰之（2003）里のサルとつきあうには―野生動物の被害管理―　京都大学学術出版会

室山泰之（2008）里山保全と被害管理　『日本の哺乳類学②中大型哺乳類・霊長類』　高槻成紀・山極寿一編　東京大学出版会　pp.427-452

中川尚史（1994）サルの食卓――採食生態学入門　平凡社　285pp.

鈴木克哉（2009）半栽培と獣害管理――人と野生動物の多様なかかわりにむけて　『半栽培の環境社会学――こ

れからの人と自然』　昭和堂　pp.201-226.
山端直人（2015）集落共同による獣害対策の多面的な効果に関する研究――ニホンザル被害対策としての集落による組織的な追い払い活動に着目して　京都大学学位論文博士（農学）112pp.

《参考文献》

近年相次いで野生動物管理にかかわる本が出版されている。すべてを挙げることはできないが、本書ではあまり触れていない具体的な野生動物の調査技術や捕獲体制・捕獲技術、被害防止技術や集落環境整備の実際、捕獲個体の有効活用については、それらを参照していただきたい。

1．野生動物管理全般

・野生動物管理システム
梶光一・土屋俊幸　編集　東京大学出版会　二〇一四年

・野生動物の管理システム――クマ・シカ・イノシシとの共存をめざして
梶光一・小池伸介　著　講談社　二〇一五年

・野生動物管理
羽山伸一・三浦慎悟・梶光一・鈴木正嗣　編著　文永堂出版　二〇一二年（二〇一六年改訂）

2．野生動物の調査技術

・野生動物管理のためのフィールド調査法――哺乳類の痕跡判定からデータ解析まで
關義和・江成広斗・小寺祐二・辻大和　編集　京都大学学術出版会　二〇一五年

3. 被害管理・獣害対策

・これならできる獣害対策――イノシシ・シカ・サル
井上雅央　著　農山漁村文化協会　二〇〇八年

・決定版！獣害対策――女性がやればずんずん進む
井上雅央　著　農山漁村文化協会　二〇一四年

・動物による農作物被害の総合対策
江口祐輔ほか　編著　誠文堂新光社　二〇一三年

・獣害対策の設計・計画手法――人と野生動物の共生をめざして
九鬼康彰・武山絵美　著　農村計画学会監修　二〇一四年

4. シカと植生

・シカ問題を考える――バランスを崩した自然の行方
高槻成紀　著　ヤマケイ新書　二〇一五年

・シカの脅威と森の未来――シカ柵による植生保全の有効性と限界
前迫ゆり　著　文一総合出版　二〇一五年

5. 捕獲体制・捕獲技術

・野生動物管理のための狩猟学
梶光一・鈴木正嗣・伊吾田宏正　編集　朝倉書店二〇一三年

・イノシシを捕る――ワナのかけ方から肉の販売まで
小寺祐二　著　農山漁村文化協会　二〇一一年

索　引

室山　泰之（むろやま　やすゆき）

1962年生まれ。

東洋大学経営学部教授（マーケティング学科・自然科学研究室）。京都大学博士（理学）。

京都大学大学院理学研究科博士後期課程（霊長類学専攻）研究指導認定。

日本学術振興会特別研究員、京都大学霊長類研究所非常勤講師、科学技術振興事業団科学技術特別研究員（農林水産省森林総合研究所関西支所勤務）、京都大学霊長類研究所助手、同助教授、兵庫県立大学自然・環境科学研究所教授を経て現職。

主な著書
『里のサルとつきあうには―野生動物の被害管理』（京都大学学術出版会、2003年）、「サルの個体群と生息地の管理技術」『野生動物管理－理論と技術－』（羽山伸一・三浦慎悟・梶光一・鈴木正嗣編、文永堂、分担執筆、2012年）、「サル目（霊長類目）」『小学館の図鑑　NEO　動物（新版）』（小学館、分担執筆、2014年）、など。

サルはなぜ山を下りる？

――野生動物との共生

学術選書 084

2017 年 12 月 25 日　初版第 1 刷発行

著　　者…………室山 泰之
発 行 人…………末原 達郎
発 行 所…………京都大学学術出版会

京都市左京区吉田近衛町 69
京都大学吉田南構内（〒 606-8315）
電話（075）761-6182
FAX（075）761-6190
振替 01000-8-64677
URL http://www.kyoto-up.or.jp

印刷・製本…………㈱太洋社
装　　幀…………鷺草デザイン事務所

ISBN 978-4-8140-0121-7

定価はカバーに表示してあります
Printed in Japan

学術選書［既刊一覧］

＊サブシリーズ 「心の宇宙」→心 「諸文明の起源」→諸
「宇宙と物質の神秘に迫る」→宇

001 土とは何だろうか？ 久馬一剛
002 子どもの脳を育てる栄養学 中川八郎・葛西奈津子
003 前頭葉の謎を解く 船橋新太郎 心1
005 コミュニティのグループ・ダイナミックス 杉万俊夫 編著 心2
006 古代アンデス 権力の考古学 関 雄二 諸12
007 見えないもので宇宙を観る 小山勝二ほか 編著 宇1
008 地域研究から自分学へ 高谷好一
009 ヴァイキング時代 角谷英則 諸9
010 GADV仮説 生命起源を問い直す 池原健二
011 ヒト 家をつくるサル 榎本知郎
012 古代エジプト 文明社会の形成 高宮いづみ 諸2
013 心理臨床学のコア 山中康裕 心3
014 古代中国 天命と青銅器 小南一郎 諸5
015 恋愛の誕生 12世紀フランス文学散歩 水野 尚
016 古代ギリシア 地中海への展開 周藤芳幸 諸7
018 紙とパルプの科学 山内龍男
019 量子の世界 川合・佐々木・前野ほか編著 宇2
020 乗っ取られた聖書 秦 剛平
021 熱帯林の恵み 渡辺弘之
022 動物たちのゆたかな心 藤田和生 心4
023 シーア派イスラーム 神話と歴史 嶋本隆光
024 旅の地中海 古典文学周航 丹下和彦
025 古代日本 国家形成の考古学 菱田哲郎 諸14
026 人間性はどこから来たか サル学からのアプローチ 西田利貞
027 生物の多様性ってなんだろう？ 生命のジグソーパズル 京都大学総合博物館 京都大学生態学研究センター編
028 心を発見する心の発達 板倉昭二 心5
029 光と色の宇宙 福江 純
030 脳の情報表現を見る 櫻井芳雄 心6
031 アメリカ南部小説を旅する ユードラ・ウェルティを訪ねて 中村紘一
032 究極の森林 梶原幹弘
033 大気と微粒子の話 エアロゾルと地球環境 笠原三紀夫 東野 達 監修
034 脳科学のテーブル 日本神経回路学会監修／外山敬介・甘利俊一・篠本滋編

073 異端思想の500年　グローバル思考への挑戦　大津真作
074 マカベア戦記㊦　ユダヤの栄光と凋落　秦　剛平
075 懐疑主義　松枝啓至
076 埋もれた都の防災学　都市と地盤災害の2000年　釜井俊孝
077 集成材〈木を超えた木〉開発の建築史　小松幸平
078 文化資本論入門　池上　惇
079 マングローブ林　変わりゆく海辺の森の生態系　小見山　章
080 京都の庭園　御所から町屋まで㊤　飛田範夫
081 京都の庭園　御所から町屋まで㊦　飛田範夫
082 世界単位 日本　列島の文明生態史　高谷好一
083 京都学派　酔故伝　櫻井正一郎
084 サルはなぜ山を下りる？　野生動物との共生　室山泰之